人工智能机器视觉识别入门

基于小方舟的人工智能轻度应用

■ 张勇 梁锦明 薛静萍 编著

人民邮电出版社
北京

图书在版编目（CIP）数据

人工智能机器视觉识别入门 ：基于小方舟的人工智能轻度应用 / 张勇，梁锦明，薛静萍 编著. -- 北京 ：人民邮电出版社，2022.5（2023.7重印）
（STEAM&创客教育指南）
ISBN 978-7-115-58591-2

Ⅰ. ①人… Ⅱ. ①张… ②梁… ③薛… Ⅲ. ①计算机视觉 Ⅳ. ①TP302.7

中国版本图书馆CIP数据核字(2022)第034579号

内 容 提 要

　　随着人工智能技术的发展，我们已经进入人工智能时代。在人工智能研究的各个领域，适合中小学生学习和理解的内容主要包括：语音识别、TTS 语音合成、计算机视觉与图像处理等，这些内容侧重让学生体验人工智能的应用，尤其是同一技术在不同场景下的应用，感受人工智能对生活的影响。

　　本书以智能感知为主要研究对象，以计算机视觉与图像处理作为课程的主体内容。通过学习传感器的用法，让读者感受人工智能的魅力，激发他们的学习兴趣。读者通过对人工智能开发板的学习，初步了解和掌握人工智能的入门知识。读者在学习人工智能的同时，也可感受人工智能在学习和生活中的应用，同时尝试应用人工智能技术提高学习效率。

　　本书适合对人工智能感兴趣、想初步体验人工智能、学习机器视觉基础知识的读者阅读，能够帮助读者了解和学习机器视觉图像识别。

◆ 编　著　张　勇　梁锦明　薛静萍
责任编辑　周　明
责任印制　马振武

◆ 人民邮电出版社出版发行　　北京市丰台区成寿寺路 11 号
邮编　100164　电子邮件　315@ptpress.com.cn
网址　https://www.ptpress.com.cn
北京九州迅驰传媒文化有限公司印刷

◆ 开本：787×1092　1/16
印张：8.75　　　　　　2022 年 5 月第 1 版
字数：152 千字　　　　2023 年 7 月北京第 7 次印刷

定价：79.80 元
读者服务热线：(010)81055493　印装质量热线：(010)81055316
反盗版热线：(010)81055315
广告经营许可证：京东市监广登字 20170147 号

前　言

　　2017 年国务院出台了《新一代人工智能发展规划》，明确指出人工智能成为国际竞争的新焦点，鼓励广大科技工作者投身人工智能的科普与推广，实施全民智能教育项目，在中小学阶段设置人工智能相关课程，逐步推广编程教育，鼓励进行形式多样的人工智能科普创作。2019 年 3 月，教育部发布的《2019 年教育信息化和网络安全工作要点》提出，将启动中小学生信息素养测评，并在中小学阶段设置人工智能相关课程，逐步推广编程教育。

　　人工智能是引领未来的战略性技术，世界主要的发达国家都把发展人工智能作为提升国家竞争力、维护国家安全的重大战略。未来，我们将会在到处都是人工智能的环境中生活，甚至会和人工智能一起工作，因此我们必须了解人工智能，学习与人工智能相关的知识。

读者对象

　　本书面向想初步体验人工智能、学习机器视觉基础知识的学生。只要学生学过基础的计算机知识、熟练掌握基本计算机操作，就能快速上手学习。如果学生学习过开源硬件的使用方法，那么学习效果更佳。

主要内容

　　第一章：介绍人工智能的基础理论知识。

　　第二章：以视觉传感器为例，介绍如何利用开源硬件学习人工智能机器视觉图像识别。

　　第三章：从不同方面介绍 K210 主控板的功能。

　　第四章：通过 5 个案例展示人工智能机器视觉图像识别的功能，进一步加深读者对人工智能机器视觉图像识别的理解。

　　感谢阅读本书，如发现疏漏与错误，请及时向我们反馈，给予批评指正，您的宝贵意见正是笔者进步的驱动力，我们将根据您的意见认真修改，再次表示感谢！本书配套的电子资源可扫描二维码获取。

笔者

2022 年 2 月

电子资源

目 录

第一章 认识人工智能

1.1 初识人工智能

2015 年，AlphaGo 走进了人们的视野，人们看到机器人原来真的可以像人一样思考问题。人工智能已经发展到了一个新的高度，开启了新时代的大门，人们开始重新关注人工智能。随后，各种人工智能应用不断出现，如无人驾驶汽车、无人超市、无人酒店等。我们出门也可以不带手机，刷脸就能完成支付，真正实现了"靠脸"吃饭。这些便捷的背后都要依赖人工智能技术。

作为青少年，我们为何要学习人工智能？原因有很多，例如以下两点。

（1）人工智能很有趣。它可以带我们进入一个神奇的世界，可以实现各种奇思妙想，可以让我们感受到各种天马行空的想法的魅力。如果你是一个充满好奇心和探索精神的青少年，一定会觉得人工智能很有趣。

（2）人工智能技术将体现在生活和工作的方方面面。如今，人工智能已经出现在我们的生活中，未来将会有更多的人工智能应用。因此，我们有必要学习人工智能知识，更好地适应时代的发展。

但人工智能对中小学生而言难度较大，本系列丛书从实际操作入手，通过制作各种体现人工智能技术的作品，让大家初步感知人工智能的强大，对人工智能产生兴趣，为将来更深入地学习人工智能知识奠定基础。

在正式开始学习之前，我们需要先了解几个概念。

1.1.1 人工智能

早在 20 世纪中叶，人工智能就诞生了。1950 年，马文·明斯基和邓恩·埃德蒙一起创造了世界上第一台神经网络计算机。同年，阿兰·图灵提出了一个影响计算机领域的伟大想法——图灵测试。图灵测试的模型如图 1-1-1 所示。

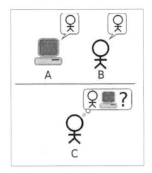

图 1-1-1　图灵测试的模型

图灵测试是指测试者（一个人）与被测试者（一台机器）在分开的情况下，测试者通过一些设备（如键盘、麦克风……）向被测试者随意提问。多次测试后，如果超过 30% 的测试者无法根据答复判断出对面到底是机器还是人，那么机器就通过了测试，它就被认为具有了人类智能的属性。

知识拓展

阿兰·图灵是英国著名的数学家和逻辑学家，在第二次世界大战期间，图灵帮助盟军破解了纳粹德国的密码系统，为第二次世界大战的最终胜利做出了杰出贡献。他也被美国《时代》杂志评选为 20 世纪 100 位最重要的人物之一，人们把计算机科学的最高奖命名为"图灵奖"。

谷歌人工智能新应用 Duplex 于 2018 年通过了图灵测试。

由北京中科汇联科技股份有限公司研发的"小薇"，作为中国第一个通过图灵测试的作诗机器人，参与了中央电视台《机智过人》节目。

1956 年，在达特茅斯学院召开的会议上，约翰·麦卡锡提出了"人工智能"的概念，这次会议标志着人工智能的诞生。虽然大家都对人工智能充满期待和信心，但受限于当时机器的运行速度和内存等，人工智能无法证明更复杂的数学定理，因此人工智能的第一次研究便陷入了低谷，但是科学家们一直坚信人工智能将是人类社会未来发展的必然趋势，一直没有放弃对人工智能的研究。

随着计算机水平的不断发展，人工智能也开始慢慢显示其威力。2016 年和 2017 年，AlphaGo 先后战胜围棋世界冠军李世石和柯洁，人工智能再次成为热门话题。2017 年，国务院发布了《新一代人工智能发展规划》，明确指出，人工智能已成为国际竞争的新焦点，应逐步开展全民智能教育项目，在中小学阶段设置人工智能相关课程，逐步推广编程教育，建设人工智能学科，培养复合型人才，形成我国人工智能人才高地。

人工智能（Artificial Intelligence），英文缩写为 AI，是研究、开发用于模拟、延伸和扩展人的智能的理论、方法、技术及应用系统的一门新的科学。人工智能是计算机科学的一个分支，它企图了解智能的实质，并生产出一种新的能按照与人类智能相似的方式做出反应的智能机器，该领域的研究包括机器人、语言识别、图像识别、自然语言处理和专家系统等。简单来说，人工智能的主要目标就是研究怎么使机器更聪明，使机器能够胜任一些通常需要人类智能才能完成的复杂工作。

人工智能的概念很宽泛，所以人工智能也分为很多种，按照人工智能的特性可以将其分为弱人工智能和强人工智能。

弱人工智能（Artificial Narrow Intelligence）是指擅长单方面的人工智能。弱人工智能也叫"应用人工智能"，它只能完成特定的任务、解决某一个或者某一类问题。比如，有能战胜围棋世界冠军的人工智能，但它只会下围棋，完成不了扫地的任务。扫地机器人可以很好地完成扫地任务，但它不会下围棋。

强人工智能（Artificial General Intelligence）是指在各方面都能和人类比肩的人工智能，能完成所有人类能干的脑力活。创造强人工智能比创造弱人工智能难得多，我们现在还做不到。目前为止，虽然有一些非常厉害的人工智能，但它们都不是强人工智能，强人工智能目前只是人类的美好愿望，但是随着计算机技术水平的不断进步和科学家的持续研究，未来，我们可能也将迎来强人工智能时代。

1.1.2　机器人

提到人工智能，大家往往会联想到机器人，因为我们希望机器不仅可以具备人的智能，也可以具备人的外形。因此，我们会按照人的样子设计机器人。说到机器人，大家又能想到什么呢？是不是想起了电影《变形金刚》里各种酷炫的机器人，还有《超能陆战队》里萌萌的大白？是的，这些都是机器人，图 1-1-2 所示也是机器人。

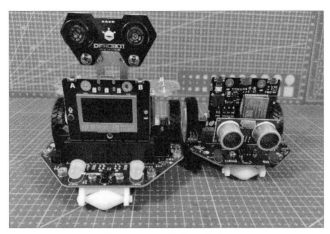

图 1-1-2　麦昆机器人

大家千万不要认为只有长得像人的机器才叫机器人，实际上，科学家对机器人进行了明确的定义：机器人（Robot）是可以自动执行工作的机器装置。它既可以接受人类的指挥，又可以运行预先编写的程序，也可以根据以人工智能技术制定的原则、纲领行动。这里出现了几个关键词，需要加以说明。

（1）自动执行工作。这一点非常重要，有一些玩具具有机器人的造型，可它们只能靠人类手动或自身的惯性前进，所以不能称为机器人。

（2）机器装置。这是对机器人的基本要求，如果制作一个没有机械装置的人形装置，也不能将其称为机器人。

为什么我们要把这种机器装置称为机器人呢？"人"字其实就代表了人们对这种机器装置的期望：希望它们能够像人一样思考，和人类共存，成为人类的好朋友、好帮手。

机器人的造型千奇百怪，有圆形的扫地机器人、方形的智能音箱等，不管它们的形态如何，机器人都由控制器、传感器、执行器和身体结构等组成。

控制器相当于人类的大脑，它负责将收集到的信息进行归类、整理、计算、推理和控制。机器人的一切都听从控制器的指挥，控制器根据传感器"看"到的、"听"到的、"感觉"到的等信息指挥机器人完成各种动作，比如行走、跳跃、转弯等。传感器相当于人类的眼、耳、口、鼻、皮肤等感觉器官，负责采集周边的一切信息，并把这些信息报告给执行器。而执行器则相当于人类的手、脚、嘴等部位，机器人根据控制器的指令执行走、跑、跳、鼓掌等动作。

1.1.3 人工智能与机器人的关系

从人工智能的角度看，机器人是人工智能的硬件载体，机器人是人工智能研究的一个庞大领域，人工智能的研究成果往往以机器人的形式呈现出来。人们把研究、设计、生产和使用机器人的学科称为"机器人学"。人工智能是一门科学、一项技术，而机器人可以让这门科学真正落地。

人工智能对于中小学生而言较为复杂，本书不打算讲解复杂的人工智能理论、高深的数学知识和难懂的算法，而是从制作具备人工智能属性的机器人入手，帮助读者理解人工智能。具备人工智能属性的机器人，我们称之为智能机器人，这是本书重点讨论和学习的内容。人工智能、机器人及智能机器人的关系如图 1-1-3 所示。

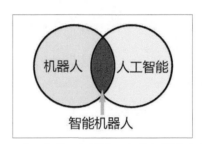

图 1-1-3　人工智能、机器人及智能机器人之间的关系

> **知识拓展**
>
> 人工智能的研究领域目前有 7 个，分别是机器人学、机器视觉、人机对话、认知与推理、博弈算法、机器学习和人工智能社会学研究，本书主要讨论机器人学和机器视觉。

我们先来看看人工智能和机器人是如何进行工作的。人工智能和机器人的工作原理如图 1-1-4 所示。

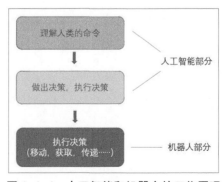

图 1-1-4　人工智能和机器人的工作原理

人工智能可以与人类互动，接收人类的声音，通过分析、理解人类指令进行任务规划并做出决策，然后将一系列决策告诉机器人，机器人根据决策执行。假设你对一个机器人说：请把桌子上的杯子拿给我，那么，机器人将根据你的命令做出决策并执行动作。比如桌子在哪里？杯子在哪里？怎么过去？怎么拿？

1.1.4　机器视觉

随着人工智能的发展，我们身边的人工智能应用越来越多，特别是以机器视觉技术为基础的人工智能应用更是随处可见，它们为我们的生活提供了很多便利。如今，购物不需要手机支付，刷脸即可完成；进火车站不需要取票，刷脸即可进站；很多家庭安装了具有人脸识别功能的门锁，刷脸后，门就可以自动打开；道路上随处可见的摄像头可以自动识别不按照交通规则行驶的车辆牌照并自动拍照记录等。

机器视觉是人工智能领域一个非常重要也是正在飞速发展的技术，简单来说，就是机器可以像人一样对物体进行观察、检测、分类、识别等。一般通过图像传感器、摄像头等以机器视觉技术为基础的产品，将拍摄到的目标转换为图像信号，再利用算法对图像信号进行分析处理，最终实现对物体的检测和识别等功能。

如今，人工智能技术开始面向青少年教育领域。结合先进的 STEAM（科学、技术、工程、艺术、数学）教育理念，人工智能教育得到了很多行业机构和教育人士的关注，市面上也开始出现和人工智能相关的产品和课程。同时，和人工智能相关的比赛也越来越多。

通过学习本书，大家可以初步了解机器视觉，为进一步学习人工智能知识奠定基础。

1.2 认识控制系统

机器人一般由执行机构、驱动装置、检测装置、控制系统和复杂机械等组成。下面，我们来简单了解机器人最重要的部分——控制系统，也就是机器人的大脑，我们常常称之为控制器。机器人控制器作为机器人最核心的零部件之一，对机器人的性能起着决定性的作用，在一定程度上影响着机器人的发展。

在中小学创客教育和机器人教育中一般使用 Arduino、micro:bit 和掌控板 3 种开源主控板作为机器人的控制系统。三者各有优点，但是就功能而言，掌控板的板载功能是最强大的，而且价格便宜。此外，掌控板支持 mPython、Mind+、Mixly 等编程软件，所以更适合中小学教学，本书所使用的控制系统就是掌控板，下面我们先来认识一下掌控板。

掌控板由创客教育专家委员会推出，是一款供教学用的开源硬件，为普及创客教育而生，响应一线 Python 编程教学需求。掌控板委托创客教育知名品牌 Labplus 盛思设计、制造，历经 3 次升级改版，是国内第一款专为编程教育而设计的开源硬件，如图 1-2-1 所示。

图 1-2-1 掌控板

掌控板是一块用于普及 STEAM 教育、人工智能教育、编程教育的开源智能硬件。它集成 ESP32 高性能双核芯片，支持 Wi-Fi 模块和蓝牙双模通信，可作为物联网节点，实现物联网应用。掌控板的正面和反面分别如图 1-2-2 和图 1-2-3 所示。

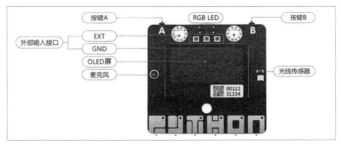

图 1-2-2 掌控板的正面

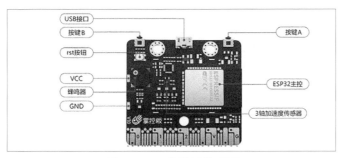

图 1-2-3 掌控板的反面

掌控板的外观尺寸约为信用卡的一半大小。输入设备有 3 轴加速度计、温度传感器、湿度传感器、气压传感器、光线传感器、麦克风、物理按键 ×2(A/B)、触摸按键 ×6。输出设备有无源蜂鸣器、RGB LED×3、1.3 英寸 OLED 屏（支持中英文字符显示）。同时掌控板上还集成了按键开关、触摸开关、金手指外部扩展接口，可实现智能机器人、创客智造作品等智能控制类应用。

目前，我们已经迎来了掌控板 2.0 版本，这次的升级自带语音识别功能。这样，掌控板就具备了人工智能的功能，其他主控板很难实现的语音识别功能，在掌控板编程平台 mPython 中，只需拖曳积木即可实现，对中小学生学习人工智能是非常友好的。

注意：本书基于掌控板 1.0，建议大家使用掌控板 2.0。大部分程序在掌控板 1.0 和 2.0 上都可以正常运行。

1.3 认识传感器

上一节我们学习了机器人的控制系统，下面我们就来学习机器人的检测系统，也就是我们常说的传感器。

1.3.1 传感器是什么

我们先来想象一个场景：早晨，当我们正在熟睡时，闹钟突然响了，我们从睡梦中醒来，看了看闹钟显示的时间，便知道该起床了。我们在睡眼蒙眬中穿好衣服，用脚感受拖鞋的位置，然后起床洗漱。洗漱完毕，我们闻到早餐的香味，走到饭桌旁坐下，开始享受美味的早餐。

我们就是这样从听到、看到、感触到、闻到和尝到中开始新的一天。我们每时每刻都在做听、看、闻等动作，每天的活动都依赖于感官系统——眼、耳、口、鼻、皮肤等，大脑时时刻刻等待着它们传递来的信息。

机器人也是如此，它不但拥有"大脑"，也拥有这些"感官系统"。在"修炼成人"的过程中，它的"大脑"也离不开这些"感官"的支持，而它的"感官"就是传感器。比如视觉传感器相当于它的眼睛，声音传感器相当于它的耳朵。

1.3.2 生活中的传感器

其实，传感器在我们的生活中随处可见。在黑黑的楼道中，只要有脚步声，楼道里的灯就会亮，这是因为使用了声音传感器（见图1-3-1）；家中或公共场所的烟雾传感器，只要感应到烟雾就会控制喷头自动喷水（见图1-3-2）。我们的手机更是集成了重力传感器、指纹传感器、陀螺仪、磁场传感器、图像传感器（摄像头）、光线传感器等几十个不同的传感器。

图1-3-1　楼道声控灯　　　　　图1-3-2　烟雾传感器

1.3.3　视觉传感器

视觉传感器可以把自己"看到"的内容反馈给机器人，相当于机器人的眼睛。视觉传感器的传感方式通过"看"来实现，输出的数据还需要进行"人工处理"，如何应用这些数据设计出有创意的作品，或解决生活中的问题，这也是青少年阶段人工智能教学的重点。

我们也应当了解视觉算法的基本原理。学习算法原理，是为了让视觉算法更好、更稳定地为我们的制作项目服务，同时也可以拓展我们的思维。视觉传感器将视觉具象化的过程如图 1-3-3 所示。

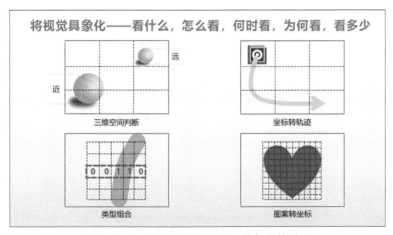

图 1-3-3　视觉传感器将视觉具象化的过程

本书将介绍基本的视觉算法知识、图像处理知识、数据处理方法及一系列的应用案例，通过图像识别基本信息、多维度组合等过程创造无限的可能（见图 1-3-4）。

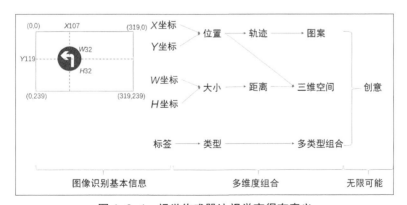

图 1-3-4　视觉传感器让视觉变得有意义

市面上有很多视觉传感器，有几款专门针对中小学生初步学习人工智能的视觉传感器，这些传感器将算法封装起来，大家不用理解算法的复杂原理，只需要学会如何利用这些视觉传感器进行创作即可。

这类传感器主要有 DFRobot 平台自主研发生产的 HuskyLens（哈士奇），来自深圳 N+ 科技的小方舟和来自摩图科技的小 MU，这些都是中小学人工智能教育中最常用的视觉传感器，它们用简单的方式给大家打开一扇通往人工智能的大门。

1. 哈士奇（HuskyLens）视觉传感器

哈士奇视觉传感器是 DFRobot 平台于 2019 年底推出的一款基于 K210 芯片的智能视觉传感器。

2010 年 2 月，DFRobot 平台于上海成立，2013 年网站正式上线。平台致力于为青少年和创客爱好者提供开源硬件产品、机器人及零配件产品，拥有知识型创客社区、造物记、蘑菇云创客空间，为专业和入门级创客提供全方位的软、硬件支持，是国际领先的从事开源硬件、机器人产品、人工智能和创客教育产品的高科技企业，已服务全球数百万创客、教育工作者和学生。

哈士奇视觉传感器是一款简单易用的人工智能视觉传感器，内置 6 种功能：人脸识别、物体追踪、物体识别、循线追踪、颜色识别、标签（二维码）识别。我们仅需按下按键即可完成人工智能训练，摆脱烦琐的训练和复杂的视觉算法，让我们专注于项目的构思和实现。

哈士奇视觉传感器的功能非常强大，它的正面是一块 LED 屏，上方有功能按键和学习按键；反面有摄像头、RGB LED、TF（micro SD）卡插槽等（见图 1-3-5）。

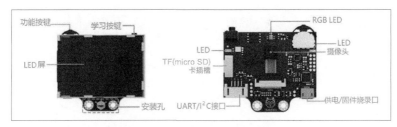

图 1-3-5　哈士奇视觉传感器

哈士奇视觉传感器的处理器非常强劲，采用了 Kendryte K210 芯片，现在市面上大多数的人工智能开发板都是基于这个芯片开发的，例如 Mixpy、Maxiduino、Mixno 等。最新的哈士奇固件版本（0.5.1 版）除了 6 个基本功能外还增加了物体分类、条形码识别和二维码识别功能。

2. 小方舟

小方舟是一款人工智能视觉传感器，也可以作为人工智能开发板。它集成 K210 高性能 64 位双核芯片，内置人工智能硬件加速单元，可实现各类场景的本地视觉算法，支持图形化编程和 Python 编程，可实现人工智能机器人、创客智造作品等智能控制类应用。小方舟视觉传感器的正面和反面如图 1-3-6 所示。

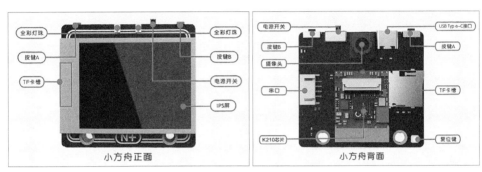

图 1-3-6　小方舟视觉传感器

3. MU 视觉传感器 3 代（简称小 MU）

杭州摩图科技有限公司自主研发和生产的一系列产品专注于人工智能教育的青少年化。小 MU 系列视觉传感器（见图 1-3-7）面向嵌入式图像识别技术，内置多种实用的视觉算法。小 MU 的视觉算法全部由摩图科技自主研发，包括色块检测、颜色识别、球体检测、人体检测及形状、交通标志、数字卡片检测，通过固件升级还可以获得更多的算法支持。

摄像头上方有一个高度集成的光线传感器，可以实现环境光强度的检测、红外测距、手势方向识别的功能。小 MU 自身还具有 Wi-Fi 功能，可以实现无线图传和无线通信。经多次迭代，小 MU 愈发成熟与强大，不仅识别率高、稳定性好，而且还可以持续升级。此外，在使用小 MU 的过程中，用户不需要关注算法的处理过程，更不需要进行复杂的参数调整，可以将更多的精力和时间投入作品的设计中。

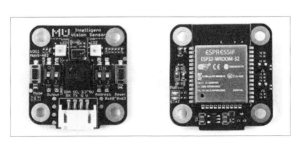

图 1-3-7　小 MU 视觉传感器

1.4 认识编程平台

1.4.1 认识并安装 Mind+

我们已经基本了解了人工智能的"大脑"和"感官"，下面再来认识一下人工智能的编程平台——Mind+。Mind+ 是一款专门针对青少年开发的编程软件，可以让大家轻松体验创造的乐趣，主界面如图 1-4-1 所示。

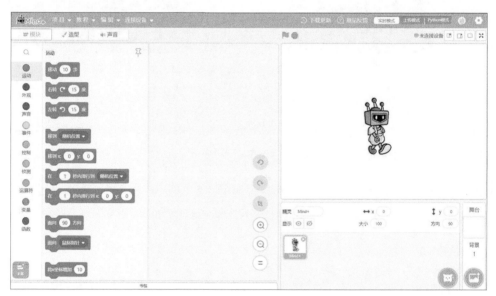

图 1-4-1 Mind+ 的主界面

Mind+ 的核心特点如下：

（1）支持 Arduino、micro:bit、掌控板等多种开源硬件；

（2）集成几十种传感器和执行模块，并且数量还在不断增加；

（3）除图形化编程环境外，还支持 Python、C 等多种语言代码编译环境，可一键生成代码。

Mind+ 最大的优点是支持 Arduino、micro:bit、掌控板等多种开源硬件，学习一个平台，可以轻松掌握多种开源硬件。下面，我们就来安装 Mind+。

首先，在官网下载最新版本的 Mind+，按照提示安装即可。安装完成后，就可以在计算机桌面看到软件图标了。本书使用的是 Mind+1.6.0 和 Mind+1.7.1RC2.0 两个版本。

注意：在安装过程中，杀毒软件可能会发出警告，选择允许操作即可。

1.4.2　连接掌控板

首次连接掌控板和 Mind+ 的步骤如下。

1. 切换模式

打开 Mind+ 后，切换为"上传模式"，然后单击左下角的"扩展"，如图 1-4-2 所示。

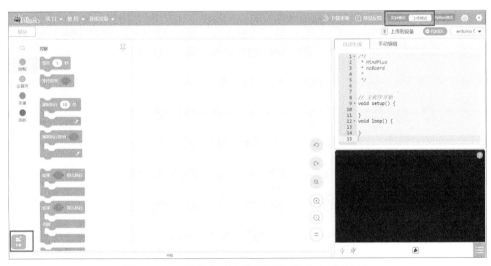

图 1-4-2　切换为"上传模式"并单击"扩展"

2. 加载掌控板

在"主控板"选项卡中选择"掌控板"，如图 1-4-3 所示，接着会弹出一个确认是否安装的窗口，单击"安装"，等待编译器安装即可。

图 1-4-3　在"主控板"选项中选择"掌控板"

加载完成后就可以看到图 1-4-4 所示界面。

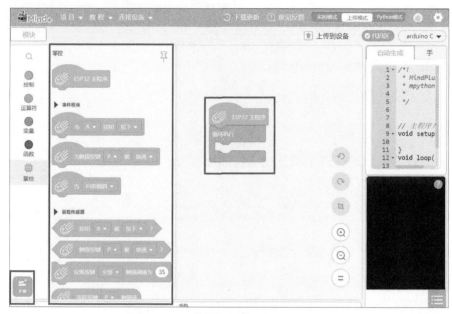

图 1-4-4　掌控板加载完成后的界面

注意：使用本套掌控板图形化编程教程，一定要安装编译器，否则可能会出现程序无法运行的情况。

3. 连接掌控板

加载完成后，用数据线连接掌控板和计算机，"连接设备"下将出现一个 COM 口。不同的掌控板与计算机连接后，COM 口后面的数字不同。单击"COMxx-CP210x"即可连接（见图 1-4-5）。

图 1-4-5　连接掌控板

注意：若第一次使用掌控板，我们还需要安装驱动程序。在连接掌控板时，会弹出安装驱动程序的提示窗口，我们按照提示安装即可。

1.4.3　编写程序

下面我们编写第一个程序，点亮掌控板上的一个LED。

打开软件，从"掌控"分类中拖曳图1-4-6所示积木，然后单击"上传到设备"。

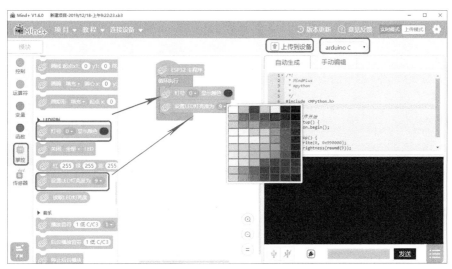

图1-4-6　点亮掌控板上一个LED的参考代码

注意：掌控板编程语言可以选择Arduino C，也可以选择MicroPython，两者略有区别，很多时候可以通用，但某些传感器只支持Arduino C，某些传感器只支持MicroPython，我们需要根据具体情况选择。

等待程序上传完成，效果如图1-4-7所示。

图1-4-7　点亮掌控板上一个LED的效果

大家赶快编写自己的第一个程序吧！本书不对掌控板进行详细的说明，大家可以到官方网站进一步学习。

第二章 人工智能视觉传感器——小方舟

2.1 认识小方舟

从本章开始，我们将学习人工智能视觉传感器的基本功能和使用方法。本书以小方舟作为学习对象，其他人工智能视觉传感器的使用方法与之类似。

小方舟强大的内核使它既可以作为传感器，又可以作为主控板。作为传感器，它的使用方法和哈士奇视觉传感器基本一致。小方舟内置颜色识别、二维码识别、人脸识别、分类器物体识别等功能。它让用户告别烦琐的训练过程和复杂的视觉算法，可以一键完成人工智能训练，轻松实现各种人工智能视觉创意项目；作为主控板，它可以通过模型训练实现对物体的识别，功能非常强大。

2.1.1 小方舟的基础操作

1. 开关的使用

小方舟有两种通电方式，一种是直接使用数据线连接电源适配器和小方舟，另一种是使用杜邦线连接主控板和小方舟。不同的通电方式，小方舟的开关滑动方式也不同。

用数据线连接电源适配器和小方舟时，我们正对着小方舟的屏幕，开关滑在左边是"开"，右边是"关"，如图 2-1-1 所示。等待几秒后，屏幕中会出现摄像头捕捉的画面，即表示开机成功。

图 2-1-1　使用数据线连接小方舟时的开机状态

使用杜邦线连接主控板和小方舟，当我们面向屏幕时，开关滑在右边是"开"，左边是"关"，如图 2-1-2 所示。

图 2-1-2　使用杜邦线连接小方舟时的开机状态

如果两种通电方式同时使用，那么无论开关滑向哪边，传感器都处于开机状态，只不过当开关滑向左边时，表示连接的是数据线；开关滑向右边时，表示连接的是杜邦线。

2. A、B 按键的使用

我们正对小方舟的屏幕，在小方舟左边的是 A 键，右边的是 B 键（见图 2-1-3）。按下 A 键可以切换模式，按下 B 键可以让小方舟进行学习，长按 B 键则可以取消学习结果。

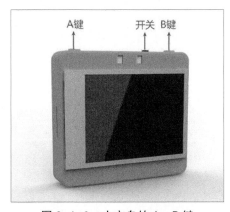

图 2-1-3　小方舟的 A、B 键

我们按下 A 键后，小方舟将会切换模式，屏幕上方的文字则表示当前所处的模式，如图 2-1-4 所示。

图 2-1-4　切换模式

练一练：为小方舟通电后，体验按下 A、B 键后的不同作用。

2.1.2　小方舟与其他硬件连接

1. 小方舟与 IOX 掌控扩展板的连接

IOX 掌控扩展板与掌控板的连接方式是直插式，直接将掌控板的"金手指"插入 IOX 掌控扩展板的凹槽中，需要注意掌控板放置的方向，如图 2-1-5 所示。

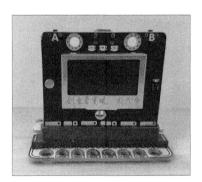

图 2-1-5　IOX 掌控扩展板与掌控板的连接

小方舟配有两种杜邦线，因此有两种接法。

第 1 种接法：将配套的杜邦线的 4Pin 接口接在小方舟上，另一端的两个 3Pin 接口分别连接 IOX 掌控扩展板的引脚 P0 和引脚 P1，线的颜色与 IOX 掌控扩展板上的颜色对应（见图 2-1-6）。

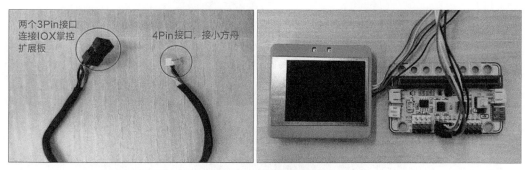

图 2-1-6　第 1 种接法

第 2 种接法：配套的另一种杜邦线一端是 4Pin 接口，另一端是 4 根单独的杜邦线。将 4Pin 接口连接小方舟，另一端的红色线和黑色线分别连接 IOX 掌控扩展板引脚 P0 的红色和黑色接口，黄色线接引脚 P0，白色线接引脚 P1（见图 2-1-7）。

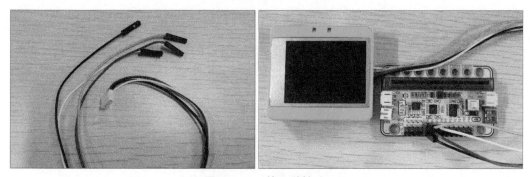

图 2-1-7　第 2 种接法

2. 小方舟和百灵鸽扩展板的连接

小方舟与百灵鸽扩展板的连接如图 2-1-8 所示。

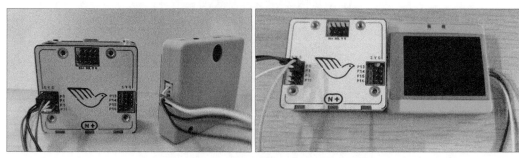

图 2-1-8　小方舟与百灵鸽扩展板的连接

2.1.3　更新固件

在更新固件之前，我们需要先了解什么是固件。

固件（Firmware）就是写入 EPROM（可擦写可编程只读存储器）或 EEPROM（电可擦可编程只读存储器）中的程序。固件是指设备内部保存的设备"驱动程序"，通过固件，操作系统才能实现特定机器的运行动作，比如光驱、刻录机等都有内部固件。固件是承担一个系统最基础、最底层工作的软件，而在硬件设备中，固件就是硬件设备的灵魂，因为一些硬件设备除固件外，没有其他软件组成，因此固件也就决定着硬件设备的功能和性能。

看上去有些深奥，举个例子大家就明白了。

我们出生时什么都不会，但是我们通过学习，就可以掌握技能。我们学习了一门新的语言，就相当于更新了一次固件；我们学习一门新的技艺，例如唱歌、跳舞、画画等，则表示我们又更新了一次固件。简单来说，一个硬件的功能，很大程度上由硬件中的软件来决定，而这些软件就是固件，所以固件比硬件本身更重要。

小方舟实际上具备很多功能，还有很多功能没有被发掘出来，所以需要通过不停地升级固件来一步步发掘小方舟的功能。当然，不更新固件，小方舟也是可以使用的。我们可以先学习后面的内容，若不能满足需求则可以再看本节内容。

更新固件主要分为以下几个步骤。

1. 下载固件和软件

在官方网站下载小方舟自制固件和刷固件的软件。

2. 打开更新固件的软件

打开文件夹"kflash_gui"，双击图 2-1-9 所示红框内的图标，打开软件。

api-ms-win-crt-process-l1-1-0.dll	2020/7/29 18:41	应用程序扩展	22 KB
api-ms-win-crt-runtime-l1-1-0.dll	2020/7/29 18:41	应用程序扩展	25 KB
api-ms-win-crt-stdio-l1-1-0.dll	2020/7/29 18:41	应用程序扩展	27 KB
api-ms-win-crt-string-l1-1-0.dll	2020/7/29 18:41	应用程序扩展	27 KB
api-ms-win-crt-time-l1-1-0.dll	2020/7/29 18:41	应用程序扩展	23 KB
api-ms-win-crt-utility-l1-1-0.dll	2020/7/29 18:41	应用程序扩展	21 KB
base_library	2020/7/29 18:41	360压缩 ZIP 文件	760 KB
d3dcompiler_47.dll	2020/7/29 18:41	应用程序扩展	4,077 KB
kflash_gui.conf	2021/3/18 18:11	CONF 文件	1 KB
kflash_gui	2020/7/29 18:41	应用程序	1,811 KB
kflash_gui.exe.manifest	2020/7/29 18:41	MANIFEST 文件	2 KB
libcrypto-1_1-x64.dll	2020/7/29 18:41	应用程序扩展	2,426 KB

图 2-1-9　打开更新固件的软件

3. 选择文件"小方舟固件"

在软件中，单击"打开文件"，选择文件夹"小方舟固件"中的文件"New_XFZ_0320.bin"，如图 2-1-10 所示。

图 2-1-10　选择文件"小方舟固件"

4. 连接小方舟

用数据线连接小方舟和电源，并打开小方舟的开关。选择端口，连接数据线，观察端口，然后再拔掉小方舟的数据线，在新出现的端口号中选择较小的端口号，如图 2-1-11 所示。

图 2-1-11 选择端口号

5. 更新固件

核对其他参数并单击"下载"，随后长按（大概 3s）小方舟的 A 键，接下来就是等待烧录程序，烧录过程持续 3~5min，在此过程中切勿拔掉数据线。更新结束后记得重新插拔一次小方舟，这样，一个更强大的小方舟就诞生了，大家可以根据官方说明了解新固件都有哪些新功能。

2.2　颜色识别

2.2.1　认识"颜色识别"模式

下面，我们来学习小方舟的"颜色识别"模式。

1. 切换到"颜色识别"模式

用数据线连接小方舟和电源，打开开关，可以使用程序将模式设置为"颜色识别"模式，也可以按下 A 键，将模式切换为"颜色识别"模式。在未上传程序时，开机的第一个模式就是"颜色识别"模式，如图 2-2-1 所示。

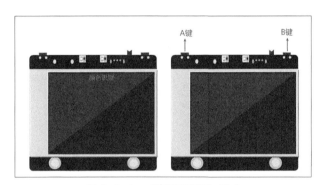

图 2-2-1　"颜色识别"模式

2. 小方舟的第 1 次学习

将小方舟的摄像头对准目标颜色块，图 2-2-2 左图所示的小方框所在位置即表示小方舟要学习的颜色，调整小方舟和颜色块的角度和距离。按下 B 键开始第 1 次学习，松开 B 键则表示结束学习。如果学习成功，则会出现一个 ID（从 ID0 开始），同时也会有一个小方框框住颜色块（如图 2-2-2 右图所示），表示已经识别出了 ID0 号颜色，学习成功。

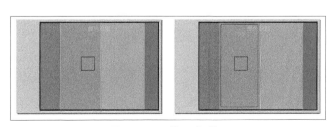

图 2-2-2　第 1 次学习

3. 小方舟的第 2 次学习

将方框对准其他颜色块，再次按下 B 键开始第 2 次学习，学习后出现 ID 与小方框，如图 2-2-3 所示。

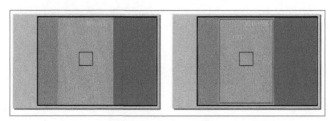

图 2-2-3　第 2 次学习

学习多种颜色后，屏幕上会显示出各颜色的 ID，边框大小随颜色块面积的变化而变化。小方舟显示的颜色 ID 与学习的先后顺序是一致的，ID 会按顺序依次标注为"ID0""ID1""ID2"……以此类推，如图 2-2-4 所示。长按 B 键可以取消已学习的颜色。

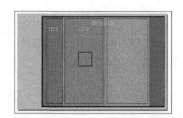

图 2-2-4　已学习颜色块的排列

注意：小方舟只要没关机或不重启，学习的数据将会一直保存。如果小方舟断电了，开机后将找不到已学习的数据，需要重新学习。如果希望断电后依然保留学习数据，可以刷入对应的固件来实现，刷固件的具体方法在后面的章节中会详细阐述。

练一练：使用小方舟学习多个颜色，然后清除所学习的数据。

2.2.2　制作识别颜色的装置

我们掌握了如何利用小方舟学习和识别颜色，下面开始学习如何通过编程实现以下功能：小方舟识别到什么颜色，掌控板上的 LED 就以对应的颜色点亮。

1. 连接设备

使用杜邦线连接小方舟和掌控板（见图 2-2-5），并将掌控板连接到计算机的 USB 口。

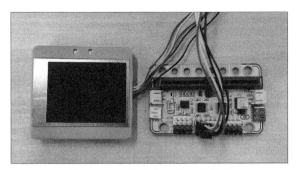

图 2-2-5 连接小方舟和掌控板

将 Mind+ 切换到"上传模式",并单击左下角的"扩展",在"主控板"选项卡中选择"掌控板",如图 2-2-6 所示。

图 2-2-6 选择"掌控板"

单击左上角的"返回",回到主界面。单击界面上方的"连接设备",在下拉菜单选择"COM3-CP210x",如图 2-2-7 所示。

图 2-2-7 选择"COM3-CP210x"

单击"扩展",选择"用户库",在文本框中输入加载"小方舟"的网址并进行搜索,将会出现"小方舟"模块,单击该模块(见图 2-2-8)。

图 2-2-8　选择"小方舟"模块

单击该模块后将会出现图 2-2-9 所示界面，表示"小方舟"模块已完成加载。

图 2-2-9　"小方舟"模块完成加载

注意：第一次使用小方舟需要搜索并下载模块，以后就不需要搜索了，直接在用户库中查找即可，但如果重装 Mind+ 则需要重新搜索。

回到主界面，我们可以看到分类中"小方舟"模块的积木，如图 2-2-10 所示。

图 2-2-10　"小方舟"模块的积木

2. 编写程序

编写初始化小方舟的代码。初始化小方舟的参考代码如图 2-2-11 所示。在初始化代码中，必须有"设置 ×× Rx××× Tx××× 波特率为 ××"积木，默认连接的是引脚 P0 和 P1，如果引脚 P0 和 P1 被占用，可以更改为其他引脚，波特率是 115 200 波特。

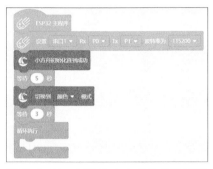

图 2-2-11 初始化小方舟的参考代码

学习颜色。假设学习的颜色和顺序与前面学习的相同，ID0 是蓝色，ID1 是绿色，ID2 是红色。据此编写掌控板的代码，如果获取的 ID 等于 0，则掌控板亮蓝灯；如果获取的 ID 等于 1，则掌控板亮绿灯；如果获取的 ID 等于 2，则掌控板亮红灯。掌控板的参考代码如图 2-2-12 所示。编写完成后单击"运行"，上传完毕后就可以看到效果了。

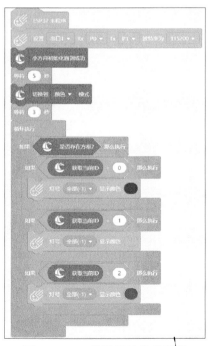

图 2-2-12 掌控板的参考代码

3. 优化程序

通过上述代码我们发现一个问题，如果摄像头只对准一种颜色，那么掌控板可以很准确地让 LED 以对应颜色点亮。但当摄像头对准多种颜色时，掌控板的 LED 会不停地闪烁，各种颜色变来变去。因此，我们需要优化代码，使用"设置特定区域颜色识别 X×× Y×× W×× H××"积木（见图 2-2-13）让小方舟只检测屏幕中的某个区域。

图 2-2-13　检测某个区域的积木

屏幕的分辨率是 320 像素 ×240 像素，但在代码中，屏幕的尺寸是 255 像素 ×192 像素，我们只检测 50 像素 ×50 像素的方框里有什么颜色即可，如图 2-2-14 所示。

优化后的参考代码如图 2-2-15 所示。

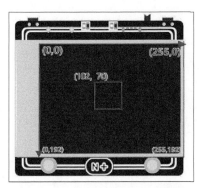

图 2-2-14　只检测方框里的颜色

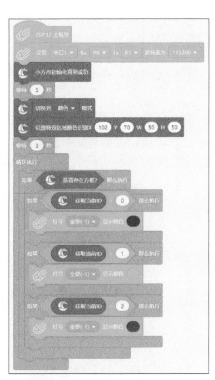

图 2-2-15　优化后的参考代码

效果如图 2-2-16 所示，大家快动手试一试吧！

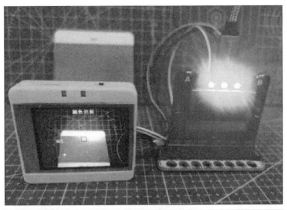

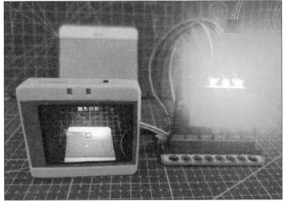

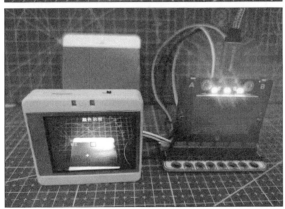

图 2-2-16　运行优化代码后的实际效果

2.3 二维码识别

2.3.1 认识"二维码"模式

　　二维码是日常生活中常见的一种标签，我们平时会扫描二维码付款、关注公众号、添加社交账号好友等，这些黑白相间的小方块，你知道它们是怎么形成的吗？背后的原理又是什么呢？

　　二维码又称二维条码，是某种特定的几何图形按一定规律在平面上分布的、白色与其他色彩相间的、记录数字符号信息的图形，是近几年来非常流行的一种编码方式。与传统的条形码相比，它能存储更多信息，也能表示更多的数据类型。

知识拓展

　　对二维码技术的研究始于 20 世纪 80 年代末，目前已研制出多种码制，常见的有 PDF417、QR Code、Code 49、Code 16K、Code One 等。如今我们常见的二维码为 QR Code（见图 2-3-1），QR 全称为 Quick Response，与传统的 Bar Code 条形码相比，能存储更多的信息，也能表示更多的数据类型。

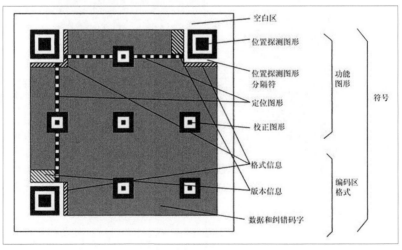

图 2-3-1　QR Code

随着智能手机的全面普及，二维码已深入我们的生活。很多地方，我们都要使用手机扫描二维码，例如添加好友、支付、打开网站等。全球每天用掉的二维码多达 100 亿个，那么，二维码会用完吗？如果二维码用完该怎么办呢？

在现行的二维码中，最小的矩阵尺寸为 21×21，共包含 441 个点，每个点都可以是 0 或 1，所以总的变化数量为 2^{441}，即 5.6×10^{132}，相当于 5.6 万亿亿……亿亿（共计 16 个"亿"字）。相比之下，可观测宇宙中的粒子总数的数量级为 10^{80}，即使排除纠错码、定位码，所能产生的二维码个数仍是一个十分巨大的数字。

即便全世界每天使用 100 亿个二维码，用完二维码也需要极其长的时间，远远超过宇宙目前的年龄（138 亿年）。

面对这些图形，我们无法得知它们表示什么，但是小方舟却可以轻松地识别出二维码中的信息。

1. 切换到"二维码"模式

连接小方舟和掌控板，打开小方舟，并按下小方舟的 A 键，切换到"二维码"模式，如图 2-3-2 所示。

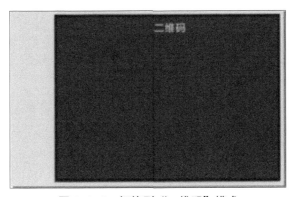

图 2-3-2　切换到"二维码"模式

2. 学习和识别二维码

将小方舟对准要识别的二维码，这时，屏幕中就会出现一个框住二维码的方框，按下小方舟的 B 键，二维码上方会出现一个 ID，屏幕下方会显示该二维码所表示的内容，如图 2-3-3 所示。当我们学习多个二维码后，长按 B 键可以清除已学习的二维码。

图 2-3-3　学习和识别二维码

2.3.2　制作自助收银系统

近几年，很多城市都出现了无人超市，超市里没有一名员工，我们只需要用支付宝扫码就能进入，购物时从支付宝里自动付款，非常方便。

虽然有些城市暂时还没有无人超市，但很多大型超市都已经出现了自助收银通道。顾客用欲买货物上的条形码或二维码在自助机上扫描，自助机就会告诉顾客需要支付多少钱，顾客通过移动支付或刷脸支付就可以完成购物。

下面，我们利用小方舟的二维码识别功能制作一个自助收银系统。我们先做若干个二维码，让每个二维码对应一种商品，将这些二维码打印出来贴到对应的商品上，然后利用小方舟学习这些二维码。小方舟识别二维码后，我们就可以知道该二维码对应的商品和总价了。

自制对应不同商品的二维码，具体对应情况如表 2-3-1 所示。制作自助收银系统所需的材料如表 2-3-2 所示。

表 2-3-1　二维码与商品的对应情况

二维码的 ID	二维码的图片	商品名称	商品总价
0		苹果	10 元
1		土豆	5 元
2		矿泉水	3 元

表 2-3-2　制作自助收银系统的材料

序号	名称	数量
1	掌控板	1 个
2	百灵鸽扩展板	1 个
3	小方舟	1 个
4	自制的二维码	3 个

1. 利用小方舟学习二维码

连接小方舟和百灵鸽扩展板，按照表 2-3-1 中的 ID 让小方舟学习每个二维码，并将表示苹果的二维码贴在红色积木上，表示土豆的二维码贴在黄色积木上，表示矿泉水的二维码贴在绿色积木上，如图 2-3-4 所示。

图 2-3-4　小方舟学习的二维码

2. 编写程序

自助收银系统的初始化代码如图 2-3-5 所示。

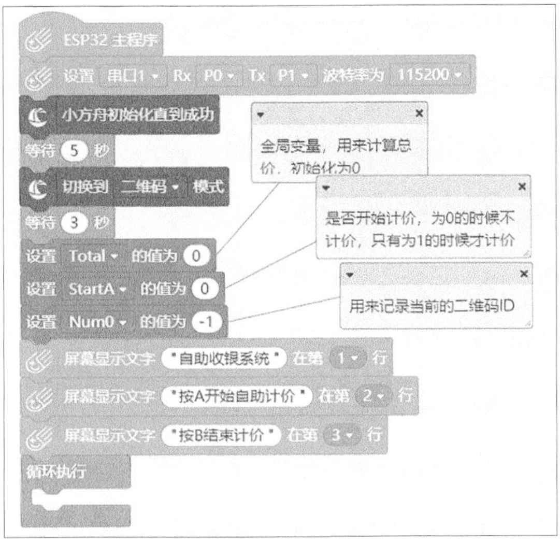

图 2-3-5　自助收银系统的初始化代码

顾客按下小方舟的按键 A 表示开始计价，参考代码如图 2-3-6 所示。

图 2-3-6　按下小方舟按键 A 开始计价的参考代码

小方舟识别到二维码后，掌控板的 LED 屏中会显示出对应商品的名称和总价，参考代码如图 2-3-7 所示。

图 2-3-7　显示商品名称和总价的参考代码

按下小方舟的按键 B 表示开始结算，参考代码如图 2-3-8 所示。

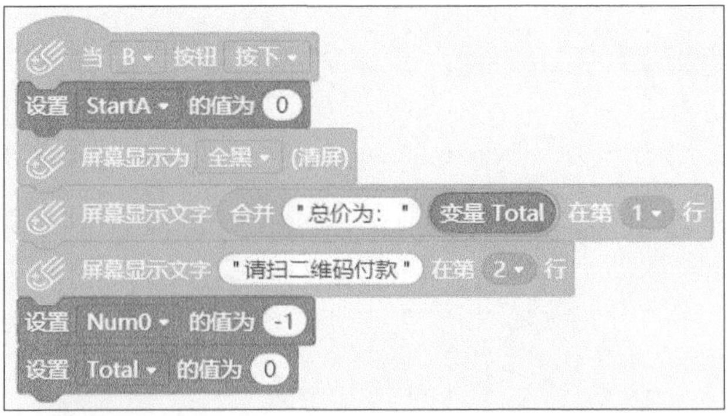

图 2-3-8　按下小方舟按键 B 开始结算的参考代码

自助收银系统的最终效果如图 2-3-9 所示。效果非常不错，大家快动手试一试吧！

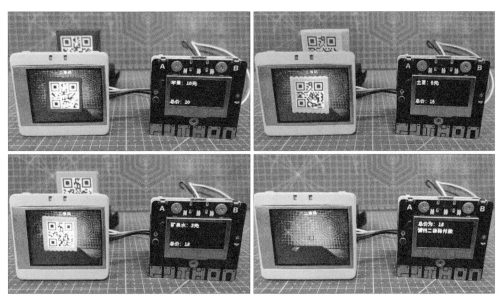

图 2-3-9 自助收银系统的最终效果

2.4 人脸识别

2.4.1 认识"人脸识别"模式

人脸识别是基于人的脸部特征进行身份识别的一种生物识别技术，用摄像机或摄像头采集含有人脸的图像或视频流，并自动在图像中检测和跟踪人脸，接着对检测到的人脸进行一系列的操作。人脸识别通常也叫人像识别或面部识别。

> **知识拓展**
>
> 对人脸识别系统的研究始于 20 世纪 60 年代。20 世纪 80 年代后，人脸识别技术随着计算机技术和光学成像技术的发展得到提高，而真正进入初级应用阶段是在 20 世纪 90 年代后期。
>
> 人脸识别系统成功的关键在于是否拥有尖端的核心算法，并使识别结果具有实用化的识别率和识别速度。人脸识别系统集成了人工智能、机器识别、机器学习、模型理论、专家系统、视频图像处理等多种专业技术，是生物特征识别的最新应用，其核心技术的实现展现了弱人工智能向强人工智能的转化。

人脸识别技术早已出现在我们身边，如今，很多小区的门禁系统都录入了居民的人脸信息，门禁系统识别到居民的人脸信息后就会自动打开闸门，解决了居民忘记带卡的问题；很多公司采用员工刷脸打卡的机制，解决了代替打卡的问题；我们购物但手机没电时，也可以选择刷脸支付。人脸识别还有很多其他应用，人脸识别技术极大地方便了我们的生活。

下面，我们就来学习如何利用小方舟进行人脸识别。

1. 切换到"人脸识别"模式

连接小方舟和掌控板，打开小方舟，按下小方舟的 A 键，将其切换到"人脸识别"模式，如图 2-4-1 所示。

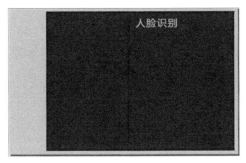

图 2-4-1 切换到"人脸识别"模式

2. 学习和识别人脸

学习和识别人脸的方法与学习和识别二维码类似：按下 B 键表示学习，长按 B 键表示清除已学习的人脸信息。当小方舟识别已学习过的人脸时，人脸方框的左上角则会出现一个 ID，ID 后会有一个数字，该数字大于 85 时，数字的颜色是绿色的；小于 85 时，该数字的颜色是红色的。这个数字叫置信度，表示系统认为这个人是该 ID 对应的人的可能性，如图 2-4-2 所示。

 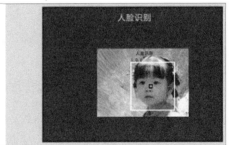

图 2-4-2 学习和识别人脸

2.4.2 制作门禁系统

利用人脸识别技术制作一个门禁系统，当门禁系统识别到主人的人脸时，掌控板亮绿灯，打开门；当门禁系统识别到不认识的人脸时，掌控板亮红灯，不开门。制作的门禁系统如图 2-4-3 所示。

图 2-4-3 制作的门禁系统

制作门禁系统所需的材料如表 2-4-1 所示。

表 2-4-1 制作门禁系统所需的材料

序号	名称	数量
1	掌控板	1个
2	百灵鸽扩展板	1个
3	小方舟	1个
4	180°舵机	1个
5	椴木板	若干

1. 学习人脸模型

按下小方舟的 A 键，将小方舟的模式切换为"人脸识别"模式。当小方舟对着人脸进行识别时，会有一个框住人脸部分的白色边框，同时会有 5 个小圆圈标出五官，白色边框左上角的数据表示准确度，如果还没有开始识别，则准确度为 0，如图 2-4-4 所示。

> **知识拓展**
>
> 舵机是指在自动驾驶仪中操纵飞机舵面转动的一种执行部件，是一种位置（角度）伺服的驱动器，适用于需要角度不断变化且需要保持该角度的控制系统。在高档遥控模型（如飞机模型、潜艇模型）、机器人中已得到普遍应用，不同类型的遥控模型所需的舵机种类也不同。舵机分为 180°舵机和 360°舵机，本节我们使用的是 180°舵机，旋转角度为 0°~180°。
>
> 舵机的控制原理：舵机是一种位置伺服的驱动器，与电机不同，电机提供的是连续旋转，控制的是转速和方向；舵机不需要连续整圈旋转，而是旋转到一定角度并维持住。

图 2-4-4 切换为"人脸识别"模式

按下小方舟的 B 键进行学习，学习成功后，如果准确度大于 85，那么白色边框的左上角将会出现 ID 和置信度。有时因为角度、距离等问题，置信度会比较小，如果置信度小于 85，那么白色边框左上角只显示置信度，不显示 ID。一般情况下，置信度在 80 左右则认为识别较为准确。

完成学习后，用小方舟识别未学习过的人脸，我们会发现置信度不再是 0（见图 2-4-5），说明小方舟识别到的是人脸，此操作可以用来做人脸检测。

图 2-4-5　识别未学习过的人脸

注意：小方舟关机后，人脸识别的数据还会保存，可以通过程序或长按 B 键清除数据。

2. 电路连接

连接舵机和百灵鸽扩展板。舵机上有 3 根线，随意选择百灵鸽扩展板引脚 P13~P16 中的一组，本例使用的是引脚 P14。舵机的橙色线和百灵鸽扩展板的接口 S 对应，红色线与百灵鸽扩展板的接口 V 对应，棕色线与百灵鸽扩展板的接口 G 对应，最后连接小方舟和百灵鸽扩展板，如图 2-4-6 所示。

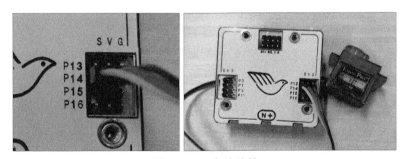

图 2-4-6　电路连接

3. 编写程序

编写程序前，需要先在 Mind+ 中加载"舵机模块"。

打开 Mind+，在主界面的左下角，单击"扩展"，在"执行器"选项卡中选择"舵机模块"，然后返回主界面，我们会看到"舵机模块"的相关积木，如图 2-4-7 所示。

图 2-4-7　加载"舵机模块"

门禁系统的参考代码如图 2-4-8 所示。

图 2-4-8　门禁系统的参考代码

4. 搭建外观

下载配套资料中的激光切割图纸，使用激光切割机切割椴木板，或购买相应的结构套件，也可以利用手头的材料自制一个类似的外壳。门禁系统的设计图纸如图 2-4-9 所示。

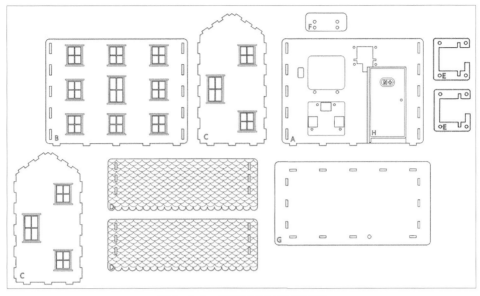

图 2-4-9　门禁系统的设计图纸

拿出 A 板，使用螺栓将铜柱固定在 A 板的孔上，再装 F 板，最后将百灵鸽扩展板和掌控板安装在 A 板上，如图 2-4-10 所示。

图 2-4-10　固定铜柱、百灵鸽扩展板和掌控板

用两个 E 板夹着 180°舵机，将整体组装在 A 板上，并用 4 个螺栓固定，也可以只固定对角的孔位，如图 2-4-11 所示。组装 B 板、C 板和 A 板，最后再将整体装在 G 板上，A 板要装在 G 板有小圆洞的一侧，如图 2-4-12 所示。

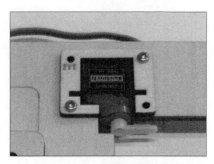

图 2-4-11　固定 180° 舵机

图 2-4-12　组装 B 板、C 板和 A 板

调试舵机的角度，将 H 板粘在舵盘上，如图 2-4-13 所示。

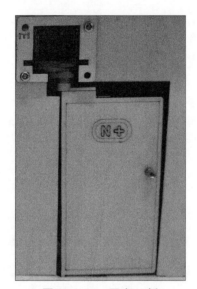

图 2-4-13　固定 H 板

连接电路，最后装上 D 板，如图 2-4-14 所示。

图 2-4-14　连接 D 板

这样，一个具有人脸识别功能的门禁系统就制作好了，大家赶紧动手试试吧！

2.5 物体识别

2.5.1 认识"物体识别"模式

小方舟内置的算法支持小方舟识别 20 种物体，目前可以识别的 20 种物体分别为：飞机、自行车、鸟、船、瓶子、巴士、汽车、猫、椅子、牛、餐桌、狗、马、摩托车、人、盆栽植物、羊、沙发、火车、电视机。

20 种物体对应的英文名称分别为：aeroplane、bicycle、bird、boat、bottle、bus、car、cat、chair、cow、diningtable、dog、horse、motorbike、person、pottedplant、sheep、sofa、train、tvmonitor。

下面，我们就来学习如何利用小方舟识别物体。

1. 切换到"物体识别"模式

连接小方舟和掌控板，打开小方舟，按小方舟的 A 键，将模式切换为"物体识别"模式，如图 2-5-1 所示。

2. 学习和识别物体

以猫为例，用小方舟对准猫的照片，按下 B 键，小方舟的屏幕上会出现一个方框，方框的左上角

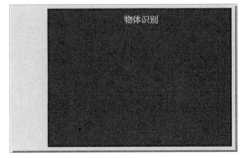

图 2-5-1 切换为"物体识别"模式

会出现字样"猫"，说明小方舟已经识别出这是猫，方框上方还会有一个变化的数字，该数字表示置信度。小方舟学习完猫之后，我们再把小方舟对准任意一只猫，小方舟的屏幕中都会显示字样"猫"和置信度，如图 2-5-2 所示。

若图片背景不复杂，识别率相对较高。若背景较复杂且背景与主体颜色相近，识别率就会降低。所以我们在进行物体识别时，尽量不要让背景过于杂乱，以免影响判断。

图 2-5-2　背景与主体颜色相近

小提示：此功能不可以区分同类物体之间的不同。也就是说，小方舟只能识别出猫，但不能识别出猫的品种，不能区分不同的猫。

2.5.2　制作动物介绍系统

我们利用小方舟的物体识别功能制作一个动物介绍系统，当小方舟对着一种动物进行识别时，掌控板上就会显示该动物的资料。

准备工作：以鸟、猫、马、狗为例，用小方舟学习这些动物。准备这些动物的资料，如表 2-5-1 所示。

制作动物介绍系统所需的材料如表 2-5-2 所示。

表 2-5-1　动物的资料

名称	图片	资料
鸟		体表被覆羽毛 卵生脊椎动物 大多数可以飞翔
猫		属于猫科动物 全世界饲养最广泛的宠物之一 善于攀爬
马		草食性动物 现存家马和普氏野马 已被驯化超过 6000 年
狗		中文亦称犬 人类最忠实的朋友 驯养已超过 1.5 万年

表 2-5-2　制作动物介绍系统所需的材料

序号	名称	数量
1	掌控板	1个
2	百灵鸽扩展板	1个
3	小方舟	1个

1. 连接硬件

将掌控板插入百灵鸽扩展板，并用杜邦线连接小方舟和百灵鸽扩展板，如图2-5-3所示。

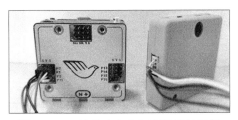

图 2-5-3 连接小方舟和百灵鸽扩展板

2. 编写程序

对小方舟进行初始化，参考代码如图2-5-4所示。

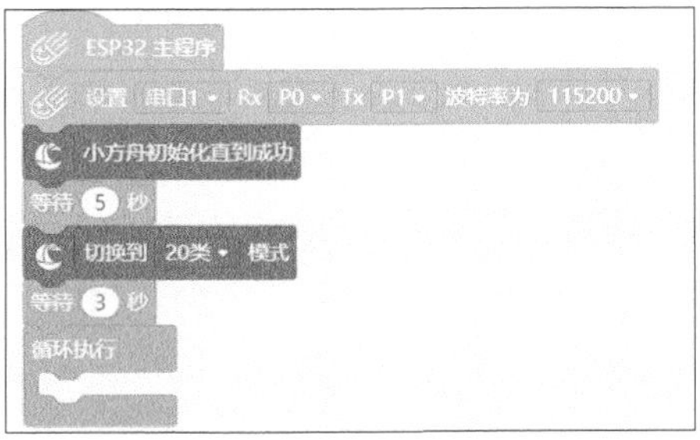

图 2-5-4 初始化小方舟的参考代码

根据小方舟识别到的动物，掌控板 LED 屏上会显示出对应的资料。小方舟可识别的 20 类物体在小方舟中的 ID 分别是 0 ~ 19，因此鸟的 ID 是 2，猫的 ID 是 7，狗的 ID 是 11，马的 ID 是 12。动物介绍系统的参考代码如图2-5-5所示。

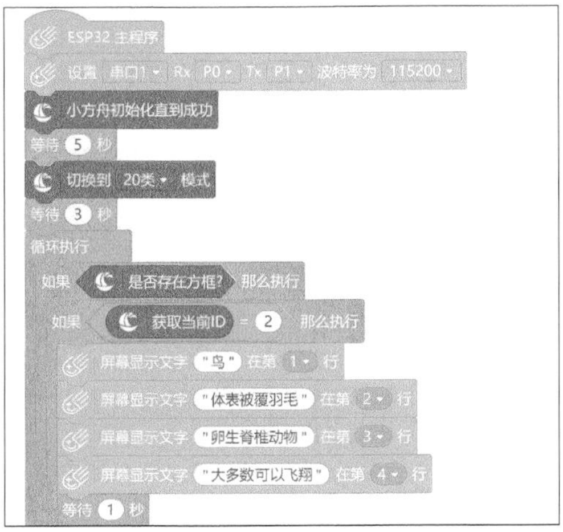

图 2-5-5 动物介绍系统的参考代码

图 2-5-5 动物介绍系统的参考代码（续）

上传程序，动物介绍系统的最终效果如图 2-5-6 所示。

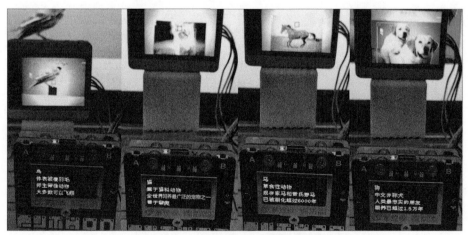

图 2-5-6 动物介绍系统的最终效果

小方舟能快速、准确地把每种动物都识别出来，大家赶紧动手试试吧！

2.6　物体学习

我们已经学习了小方舟内置的 4 种基本模式，但是小方舟的功能远不止此，它还可以通过学习识别出更多的物体。下面，我们就来了解小方舟的物体学习功能。物体学习顾名思义就是先学习，然后再识别物体。我们以小方舟学习图 2-6-1 所示的两个路标为例。

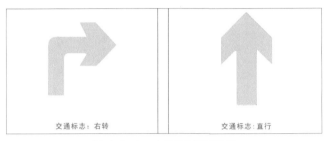

图 2-6-1　右转和直行路标

1. 连接小方舟和百灵鸽扩展板

小方舟和百灵鸽扩展板的连接方式如图 2-6-2 所示。

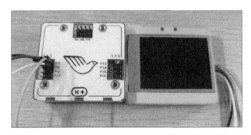

图 2-6-2　连接小方舟和百灵鸽扩展板

由于"物体学习"不是小方舟内置的模式，不能通过按下 A 键切换到"物体学习"模式，该功能需要通过编程实现。

2. 编写程序

打开 Mind+，在"扩展"中加载"小方舟"模块。在图 2-6-3 所示的参考代码中，初始化小方舟并切换到通用模型模式需要时间，所以需要在程序中添加"等待 ×× 秒"积木。初始化分类器，将分类设为"R,G"（R 表示右转，G 表示直行，也可以使用其他字母代替）。

上传程序，当小方舟的 IPS 屏显示出"物体学习"时，就表示已经成功切换到了通用模型模式（见图 2-6-4），这样，小方舟就可以开始进行物体学习了。

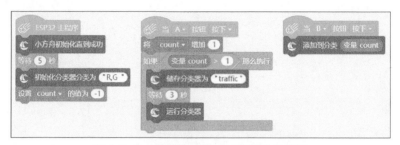

图 2-6-3　实现物体学习功能的参考代码

图 2-6-4　切换到通用模型模式

3. 训练模型

在上述参考代码中，我们设置变量"count"用来表示学习的分类，第 1 次按下 A 键，表示学习第 1 个分类（右转路标），随后按下 B 键，表示学习 1 次。如果学习成功，小方舟左下角将会出现"添加到分类：0"字样。按 1 次 B 键，则表示学习 1 次，一张图最少需要学习 3~5 次，学习时需要调整卡片的角度，学习的数量越多、角度越多，识别得就越精准，如图 2-6-5 所示。

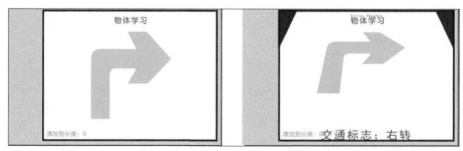

图 2-6-5　学习右转路标

注意：学习环境也会影响识别的结果。

学习完第 1 个分类之后，再次按下 A 键，表示学习第 2 个分类（直行路标）。按下 B 键，表示学习 1 次，学习方式与学习第 1 个分类一致，如图 2-6-6 所示。

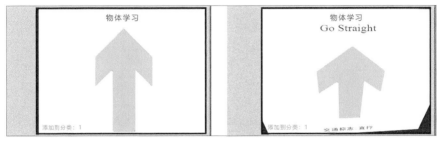

图 2-6-6　学习直行路标

第 2 个分类学习完毕后，按下 A 键，开始储存模型，小方舟 IPS 屏的左下角将出现"训练中……"字样。运行分类器，当小方舟识别到图片时，小方舟的 IPS 屏的左下角将会出现分类的名称（初始化分类器时的命名）和一串数字（见图 2-6-7），数字表示识别的精准度，数字越小，说明识别得越精准。

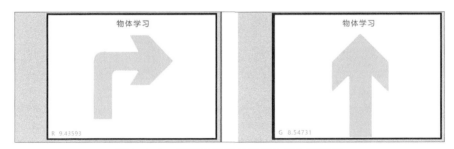

图 2-6-7　识别物体后的模型名称和精准度

注意：对于同样的模型，每一次学习的精准度会有所不同，这与模型的相似度、学习数量、角度等有关系。

4. 加载模型

加载模型，小方舟识别到右转路标时，掌控板的 OLED 屏上将会显示出向右的图案；识别到直行路标时，掌控板的 OLED 屏上将会显示出直行图案。如果已经储存了模型，那么就可以直接加载、调用模型。加载分类器的名称必须与储存分类器时的命名一致，否则无法调用模型（见图 2-6-8）。

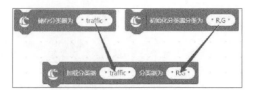

图 2-6-8　加载分类器的名称和储存分类器的名称一致

如果我们需要判断是否存在某个数据以及该数据属于哪个分类，参考代码如图 2-6-9 所示。

图 2-6-9　判断是否存在某个数据以及该数据属于哪个分类的参考代码

上传程序，效果如图 2-6-10 所示，大家赶紧动手试试吧！

图 2-6-10　识别路标系统的最终效果

2.7 制作自拍装置

下面，我们利用小方舟的人脸识别功能，结合木板套件制作一个自拍装置。使其能够在小方舟识别到人脸后，在掌控板的 OLED 屏上显示倒计时数字"3、2、1"，当显示的数字为 1 时，自拍装置开始拍照。最终效果如图 2-7-1 所示。

图 2-7-1 自拍装置的最终效果

1. 安装存储卡

在小方舟的一侧有 TF（micro SD）卡的卡槽，将存储卡带有金属片的一端朝下插入卡槽，如图 2-7-2 所示。

图 2-7-2 插入 TF（micro SD）卡

2. 实现拍照功能

对小方舟进行初始化设置，按下掌控板的按键 A，自拍装置就能够开始拍照。参考代码如图 2-7-3 所示。

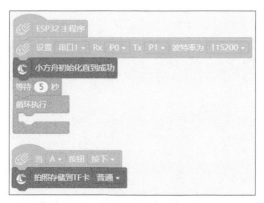

图 2-7-3　实现拍照功能的参考代码

任选一个识别模式，将摄像头对准需要拍照的物体，按下掌控板的按键 A 进行拍照，拍照成功后，小方舟 IPS 屏的左下角将会出现"储存照片：1.0"字样。第 1 张照片编号是 1.0，第 2 张照片编号是 2.0，以此类推。拍照效果如图 2-7-4 所示。

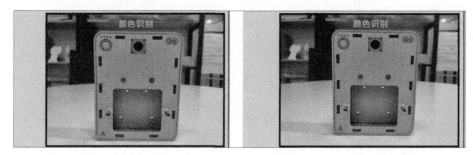

图 2-7-4　拍照效果

3. 实现录像功能

首先，对小方舟进行初始化设置，按下掌控板的按键 A，自拍装置开始录像。参考代码如图 2-7-5 所示。

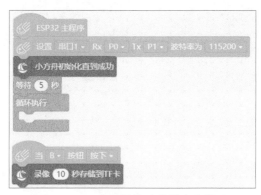

图 2-7-5　实现录像功能的参考代码

任选一个识别模式，将摄像头对准需要录像的物体，按下掌控板的按键 B 开始录像。录像过程中，小方舟 IPS 屏的左上角会出现"录像中…"字样，录像完成后，小方舟 IPS 屏的左下角会出现"录像完成"字样。录像效果如图 2-7-6 所示。

图 2-7-6 录像效果

4. 编写程序

初始化设置。对小方舟进行初始化设置，将小方舟的模式切换到"人脸"模式。参考代码如图 2-7-7 所示。

图 2-7-7　初始化小方舟的参考代码

实现倒计时功能。新建变量"Time0"表示倒计时的数值，将其初始值设置为 3。如果小方舟识别到人脸，并且人脸持续保持在镜头中，则开始倒计时。参考代码如图 2-7-8 所示。

图 2-7-8　实现倒计时功能的参考代码

倒计时结束后开始拍照，拍照结束后，将变量"Time0"的值设置为3，如果人脸在装置倒计时的过程中消失，则重新倒计时。开始拍照的参考代码如图2-7-9所示。

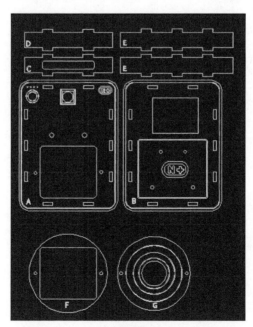

图2-7-9　开始拍照的参考代码

5. 搭建外观

在配套资料中下载"智能自拍神器"激光切割图纸，利用激光切割机进行切割，得到结构件，或购买相应的结构套件，也可以利用手头的材料自制一个类似的外壳。自拍神器的激光切割图纸如图2-7-10所示。

图2-7-10　自拍神器的激光切割图纸

制作自拍装置所需的材料如表2-7-1所示。

表 2-7-1　制作自拍装置所需的材料

序号	名称	数量
1	掌控板	1个
2	百灵鸽扩展板	1个
3	数据线	1条
4	小方舟	1个
5	小方舟杜邦线	1条
6	M3×8 螺栓	2个
7	M3×6 螺栓	8个
8	M3×15+6 单通铜柱	4个
9	M3×15 双通铜柱	2个
10	螺丝刀	1个

将 B 板、C 板、D 板、E 板组装在一起，如图 2-7-11 所示。用螺栓将小方舟固定在 A 板上，再将铜柱固定，最后将 A 板与 B 板、C 板、D 板、E 板组装而成的板组装在一起，如图 2-7-12 所示。

图 2-7-11　组装 B 板、C 板、D 板、E 板

图 2-7-12　固定小方舟并组装各板

把单通铜柱固定在百灵鸽扩展板的背部，再将整体放进组装后的板里，接着，使用螺栓将其与百灵鸽扩展板上的铜柱固定，如图 2-7-13 所示。

图 2-7-13　固定单通铜柱

最后用螺栓将 F 板和 G 板固定在 A 板的铜柱上，这样，自拍装置就完成了，大家赶快动手做一做吧！

第三章 K210 主控板功能初探

3.1　更新固件

3.1.1　K210 芯片

小方舟除了是摄像头传感器，它还可以化身为一块具有 K210 芯片的主控板（以下称为 K210 主控板），因为它自带 K210 芯片。我们先来了解一下什么是 K210 芯片。

K210 芯片是由嘉楠科技自主研发的、集成机器视觉（卷积神经网络加速处理器 KPU）与机器听觉多模态识别（音频信号处理器 APU）的系统级芯片（SoC），具备视、听一体的能力。K210 芯片具有以下几个亮点。

1. 高能效比，边缘计算

K210 芯片的功耗仅为 0.3W，典型设备功耗为 1W，灵活适配边缘侧场景的需求且自带 SRAM 和离线数据库。

2. 芯片自研，万物智联

K210 芯片的核心神经网络加速器 KPU 通过处理人脸检测和识别、人脸防伪、图像识别与分类等机器视觉任务，实现了在智能能耗、智能园区、智能家居和智能农业等场景的应用。

3. 编程灵活，用户友好

搭载 FPIOA 可编程阵列，根据实际需求烧录不同算法、轻量化指令集架构和完善的工具链，支持主流深度学习框架，大幅降低开发门槛。

3.1.2　K210 芯片的使用

我们先来学习小方舟作为 K210 主控板的使用方法。首先要做的就是更新固件。

用数据线连接计算机和小方舟上的 USB Type-C 接口，小方舟作为主控板时不需要连接掌控板。打开 Mind+，单击"扩展"，选择"Maixduino"，如图 3-1-1 所示。

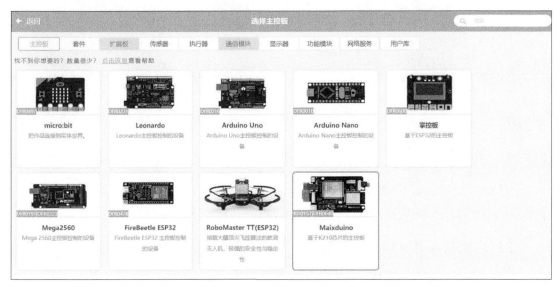

图 3-1-1　选择"Maxiduino"

回到主界面，在"连接设备"中选择"COM×-Maixduino"，如图 3-1-2 所示。

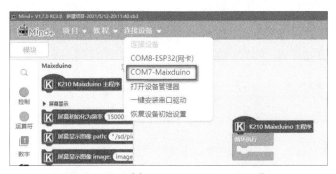

图 3-1-2　选择"COMX-Maixduino"

在主界面的右上角选择"官方固件－官方固件-v1.0.0"，如图 3-1-3 所示。

图 3-1-3　选择"官方固件－官方固件-v1.0.0"

再次单击"连接设备"，选择"恢复设备初始设置"，如图 3-1-4 所示。

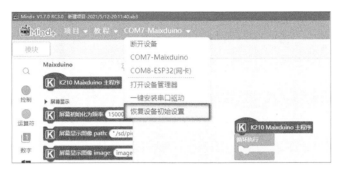

图 3-1-4　选择"恢复设备初始设置"

擦除现有固件，为更新固件做准备，如图 3-1-5 所示。

图 3-1-5　擦除现有固件

完成擦除后，主界面会出现图 3-1-6 所示界面，此时小方舟的界面如图 3-1-7 所示。

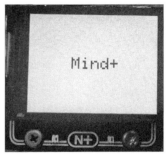

图 3-1-6　擦除后的结果图　　图 3-1-7　擦除完成后的小方舟界面

拔下连接小方舟与计算机的数据线，再用数据线连接小方舟和计算机，此时，正式更新固件，如图 3-1-8 所示。

图 3-1-8　更新固件的界面

更新完毕后将会出现图 3-1-9 所示界面。

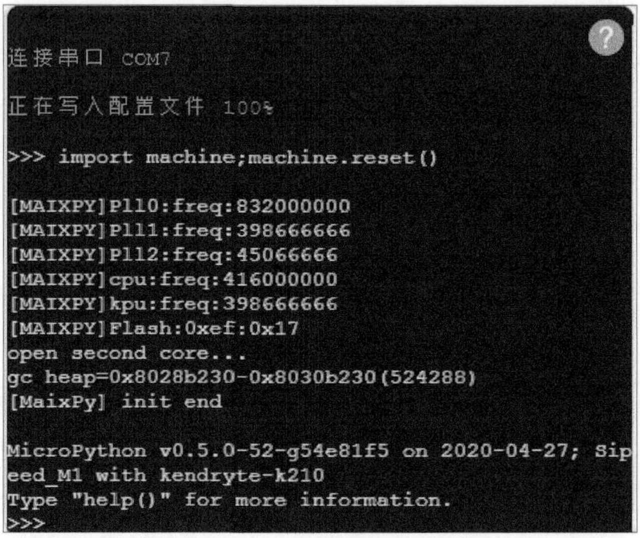

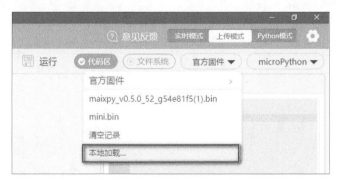

连接串口 COM7
正在写入配置文件 100%
>>> import machine;machine.reset()
[MAIXPY]Pll0:freq:832000000
[MAIXPY]Pll1:freq:398666666
[MAIXPY]Pll2:freq:45066666
[MAIXPY]cpu:freq:416000000
[MAIXPY]kpu:freq:398666666
[MAIXPY]Flash:0xef:0x17
open second core...
gc heap=0x8028b230-0x8030b230(524288)
[MaixPy] init end
MicroPython v0.5.0-52-g54e81f5 on 2020-04-27; Sipeed_M1 with kendryte-k210
Type "help()" for more information.
>>>

图 3-1-9　更新完毕后的界面

至此，小方舟已经成功更新了 K210 芯片固件，小方舟变成了一个具有 K210 芯片的主控板。

3.1.3　小方舟的特制固件

我们刷入的是 Mind+ 的官方固件，除此之外还可以刷入小方舟的特制固件，特制固件占用的内存更小，可以刷入更大的模型文件。刷入特制固件的步骤和刷入官方固件的步骤基本一致，只是在选择固件时不选“官方固件”，而是选择“本地加载”（见图 3-1-10），找到小方舟的特制固件后，其他步骤和刷入官方固件一致。

意见反馈
实时模式
上传模式
Python模式
运行
代码区
文件系统
官方固件
microPython
官方固件
maixpy_v0.5.0_52_g54e81f5(1).bin
mini.bin
清空记录
本地加载...

图 3-1-10　选择“本地加载”

我们来测试一下，单击"教程"，选择"示例程序"，在示例程序库中选择"LCD 屏幕画图"，如图 3-1-11 所示。

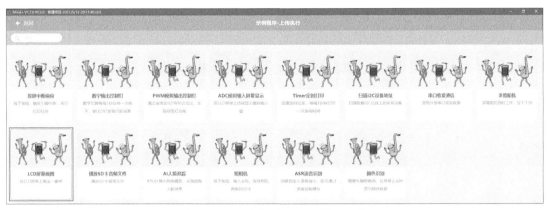

图 3-1-11　选择"LCD 屏幕画图"

运行程序，我们会看到小方舟的 IPS 屏上出现了画树的动画，如图 3-1-12 所示。你快动手试试，开启 K210 芯片的学习之旅吧！

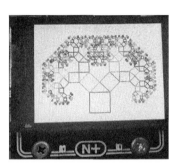

图 3-1-12　画树的动画

3.2 基本功能

通过上一节的学习，我们了解到小方舟通过更新固件可以变身为强大的 K210 主控板，今天我们就来了解 K210 主控板的基本功能。

3.2.1 IPS 屏显示内容功能

K210 主控板的功能类别如图 3-2-1 所示。我们可以看到，K210 主控板可以实现显示图像、显示文字和获取图像等功能，下面，我们先用 K210 主控板尝试显示出摄像头获取的图像。

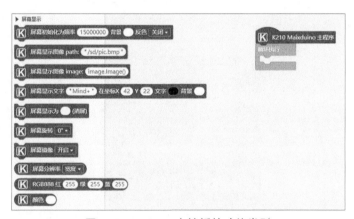

图 3-2-1　K210 主控板的功能类别

首先，对小方舟的摄像头进行初始化设置，初始化摄像头的参数如图 3-2-2 所示。然后，在小方舟的 IPS 屏上显示摄像头获取的图像。参考代码如图 3-2-3 所示。

图 3-2-2　初始化摄像头的参数

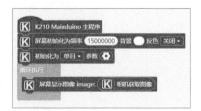

图 3-2-3　显示摄像头获取的图像的参考代码

运行程序后，我们会发现 IPS 屏显示的内容是倒过来的，同时还出现了反色现象（见图 3-2-4）。因此，我们需要把代码中的反色参数打开，参考代码如图 3-2-5 所示。

图 3-2-4　IPS 屏显示的内容

图 3-2-5　打开反色参数的参考代码

再次运行程序，IPS 屏的颜色终于恢复正常。但是 IPS 屏显示的内容还是倒过来的，参考代码如图 3-2-6 所示。因此，我们需要添加"相机开启垂直镜像"积木，开启摄像头的垂直镜像，参考代码如图 3-2-7 所示。

图 3-2-6　IPS 屏显示的内容与实际不符

图 3-2-7　开启摄像头垂直镜像的参考代码

再次运行程序，IPS 屏中就会出现正常的画面，如图 3-2-8 所示。

我们还可以新建一个变量，并将摄像头捕捉到的图像赋值给该变量，参考代码如图 3-2-9 所示。

图 3-2-8　IPS 屏中出现正常画面

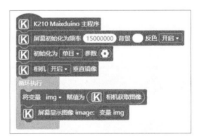

图 3-2-9　新建变量后的参考代码

为什么要用这种方式呢？因为摄像头在识别物体时，一般会有一个矩形框框住识别的内容，这时我们只需对变量进行操作即可。

3.2.2 图像识别功能

K210 主控板还有播放音频、播放视频等基本功能，那么 K210 主控板的人工智能功能该如何体现呢？

我们需要先加载人工智能相关模块。在 Mind+ 中单击"扩展"，在"功能模块"选项卡中，有很多关于人工智能的模块，例如人工智能、机器视觉、机器听觉等（见图 3-2-10）。

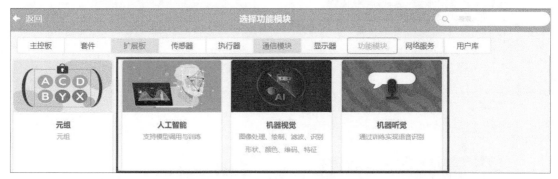

图 3-2-10　加载人工智能相关模块

加载后就可以在主界面中看到 K210 主控板实现人工智能功能的相关积木了，运用这些模块，我们可以做以下尝试。

尝试 1：在小方舟 IPS 屏上显示一个矩形框，参考代码如图 3-2-11 所示。

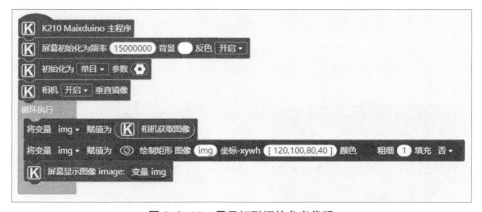

图 3-2-11　显示矩形框的参考代码

运行程序，我们可以看到屏幕中出现了一个蓝色的矩形框（见图 3-2-12）。

图 3-2-12　显示出蓝色矩形框的效果

尝试 2：在小方舟 IPS 屏上显示出图像滤波效果，参考代码如图 3-2-13 所示。

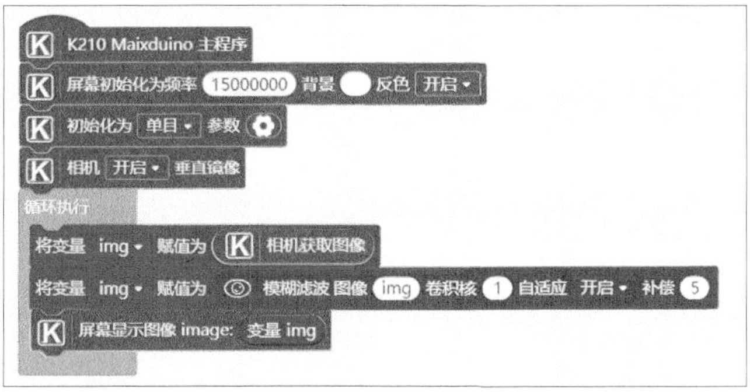

图 3-2-13　显示出图像滤波效果的参考代码

运行程序，无滤波效果和有滤波效果的对比如图 3-2-14 所示。

图 3-2-14　无滤波效果和有滤波效果

为什么对图像进行模糊滤波处理呢？因为有时我们只需要图像的框架，不需要具体的内容，进行模糊滤波处理可以有效去除干扰因素。我们只尝试了两个基本功能，其他功能大家可以自己动手试一试！

3.3 颜色识别

在前面的学习中，我们已经学习了小方舟的颜色识别功能，为什么现在还要学习呢？前面学习的颜色识别功能实际上是对各个颜色进行编号，但是我们并不知道 ID1、ID2 具体代表什么颜色，而 K210 主控板可以将识别到的颜色的具体值告诉我们。在学习使用 K210 主控板之前，我们先来了解计算机是如何表示颜色的。

3.3.1 颜色的表示

在计算机中，表示颜色的方法有很多，最常见的就是 RGB 颜色标准（见图 3-3-1）和 LAB 颜色标准（见图 3-3-2）。

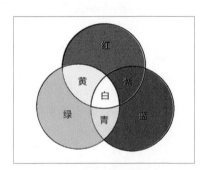
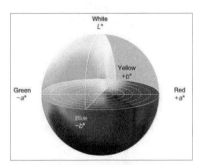

图 3-3-1　RGB 颜色标准　　　　图 3-3-2　LAB 颜色标准

RGB 是工业界的一种颜色标准，通过红（R）、绿（G）、蓝（B）3 个颜色通道的变化以及它们之间的叠加来得到各种颜色，RGB 即是代表红、绿、蓝 3 个通道的颜色，这个标准几乎包括了人类视力所能感知的所有颜色，是运用最广的颜色系统之一。

红、绿、蓝 3 种基本色的取值范围都是 0~255，如果 RGB 值是（255,0,0），则表示红色；如果 RGB 值是（0,255,0），则表示绿色；如果 RGB 值是（0,0,255），则表示蓝色；如果 RGB 值是（255,255,0），则表示黄色，以此类推。

知识拓展

　　普遍认为人眼对色彩的分辨能力大致是 1000 万种颜色，因此，由 RGB888 形成的图像我们称为真彩色。RGB888 真彩色的每一色光都以 8bit 表示，每个通道各有 256 级阶调，三色光交互增减，RGB 三色光能在一个像素上最高显示 24 位 1677 万色（256×256×256=16 777 216），这个数值就是计算机所能表示的最多色彩。

　　LAB 颜色模式是根据 Commission International Eclairage（CIE）在 1931 年所制定的一种测定颜色的国际标准而建立、于 1976 年被改进并命名的一种色彩模式。LAB 颜色模式弥补了 RGB 和 CMYK 两种模式的不足，它是一种与设备无关的颜色模式，也是一种基于生理特征的颜色模式。LAB 颜色模式既不依赖于光线，也不依赖于颜料，它是 CIE 组织确定的一个理论上包括了人眼可以看见的所有色彩的模式。

　　LAB 颜色模式由 3 个要素组成，分别是亮度（L）和两个颜色通道（a、b）。a 包括的颜色从深绿色（低亮度值）到灰色（中亮度值）再到亮粉红色（高亮度值），b 包括的颜色从亮蓝色（低亮度值）到灰色（中亮度值）再到黄色（高亮度值）。

3.3.2　K210 主控板识别颜色

　　下面，我们来看看 K210 主控板如何识别颜色。

　　一般情况下，整个摄像头识别到的颜色会比较杂，因此我们需要设置一个区域，摄像头以识别该区域的颜色为准。

　　首先，设置一个变量"color"用来返回颜色识别数据，然后通过串口将其值打印出来，参考代码如图 3-3-3 所示。返回的数据如图 3-3-4 所示，但数据刷新得太快，所以需要在代码中加入一个延时代码。

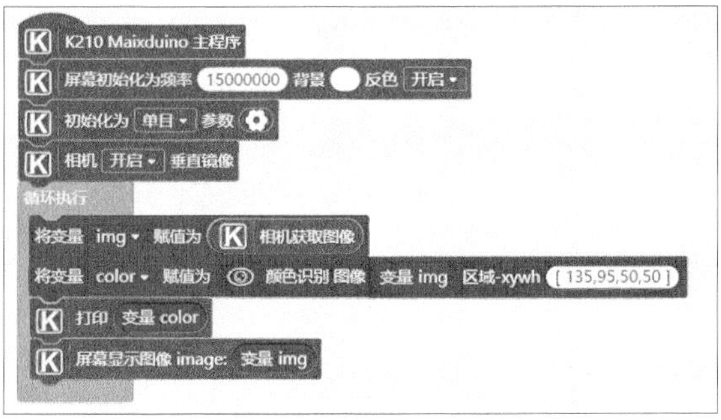

图 3-3-3　识别颜色并返回数据的参考代码

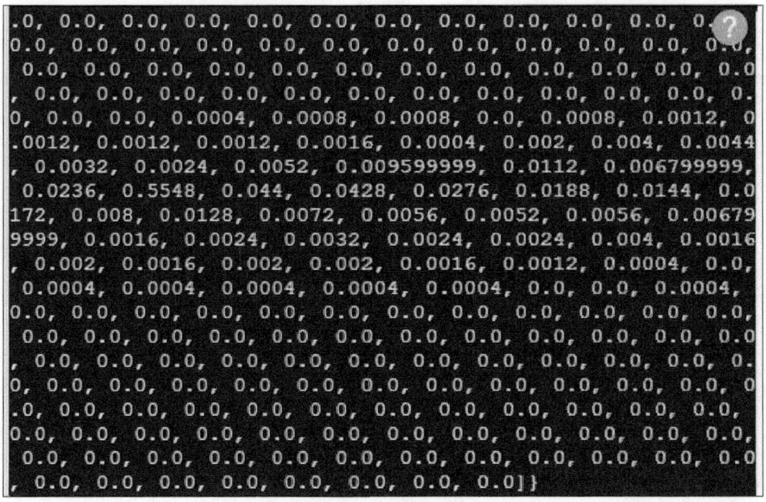

.0, 0.0, 0.0, 0.0, 0.0, 0.0, 0.0, 0.0, 0.0, 0.0, 0.0, 0.0, 0.0, 0.0, 0.0, 0.0, 0.0, 0.0, 0.0, 0.0, 0.0, 0.0, 0.0, 0.0, 0.0, 0.0, 0.0, 0.0, 0.0, 0.0, 0.0, 0.0, 0.0, 0.0, 0.0, 0.0, 0.0, 0.0, 0.0, 0.0, 0.0, 0.0, 0.0, 0.0, 0.0, 0.0, 0.0, 0.0, 0.0, 0.0, 0.0, 0.0, 0.0, 0.0, 0.0, 0.0, 0.0, 0.0, 0.0, 0.0, 0.0, 0.0, 0.0, 0.0004, 0.0008, 0.0008, 0.0, 0.0008, 0.0012, 0, .0012, 0.0012, 0.0012, 0.0, 0.0016, 0.0004, 0.002, 0.004, 0.0044, 0.0032, 0.0024, 0.0052, 0.009599999, 0.0112, 0.006799999, 0.0236, 0.5548, 0.044, 0.0428, 0.0276, 0.0188, 0.0144, 0.0172, 0.008, 0.0128, 0.0072, 0.0056, 0.0052, 0.0056, 0.00679 9999, 0.0016, 0.0024, 0.0032, 0.0024, 0.0024, 0.004, 0.0016, 0.002, 0.0016, 0.002, 0.002, 0.0016, 0.0012, 0.0004, 0.0, 0.0004, 0.0004, 0.0004, 0.0004, 0.0004, 0.0, 0.0, 0.0004, 0.0, 0.0, 0.0, 0.0, 0.0, 0.0, 0.0, 0.0, 0.0, 0.0, 0.0, 0.0, 0.0, 0.0, 0.0, 0.0, 0.0, 0.0, 0.0, 0.0, 0.0, 0.0, 0.0, 0.0, 0.0, 0.0, 0.0, 0.0, 0.0, 0.0, 0.0, 0.0, 0.0, 0.0, 0.0, 0.0, 0.0, 0.0, 0.0, 0.0, 0.0, 0.0, 0.0, 0.0, 0.0, 0.0, 0.0, 0.0, 0.0, 0.0, 0.0, 0.0, 0.0, 0.0, 0.0, 0.0, 0.0, 0.0, 0.0, 0.0, 0.0, 0.0, 0.0, 0.0]]}

图 3-3-4 返回的数据

接着，在这些数据中读取需要的数据，也就是解析颜色，参考代码如图 3-3-5 所示。

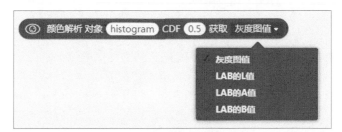

图 3-3-5 解析颜色的参考代码

然后，新建一个变量"mylist"，用来存储摄像头识别到的颜色的 LAB 值，参考代码如图 3-3-6 所示。

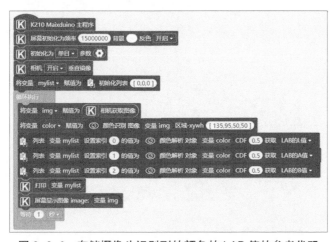

图 3-3-6 存储摄像头识别到的颜色的 LAB 值的参考代码

运行程序，我们可以看到颜色值，如图 3-3-7 所示。

```
Official Site :
Wiki          :

init i2c2
[MAIXPY]: find ov2640
[MAIXPY]: find ov sensor
[84, 19, -10]
[90, 3, 4]
[91, 2, 4]
[97, 0, 0]
[100, 0, 0]
[100, 0, 0]
[99, 0, 1]
[99, 0, 2]
[99, 0, 1]
[100, 0, 0]
```

图 3-3-7　颜色值

此外，我们还需要验证一下该颜色值是否正确。编写一个绘图代码，把需要识别的区域用矩形框框出来，参考代码如图 3-3-8 所示。这样，在屏幕中间就会出现一个蓝色矩形框，表示要识别的区域。

图 3-3-8　绘制矩形框的参考代码

然后根据返回的 LAB 值，在 IPS 屏的右上角设置一个小区域把该颜色显示出来，参考代码如图 3-3-9 所示。

图 3-3-9　设置显示颜色区域的代码

效果如图 3-3-10 所示。

图 3-3-10　颜色识别的效果

我们还可以利用之前所学习的内容，在 IPS 屏左上角显示出选中颜色的 LAB 值，效果如图 3-3-11 所示。

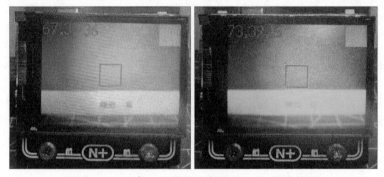

图 3-3-11　在 IPS 屏左上角显示 LAB 值的效果

3.4　形状识别

本节我们来学习如何利用 K210 主控板识别形状，先来看看和识别形状有关的积木，如图 3-4-1 所示。

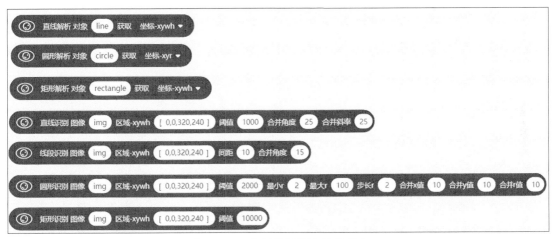

图 3-4-1　和形状识别有关的积木

3.4.1　识别圆形

K210 主控板可以识别直线、圆形和矩形等。下面，我们先来尝试识别圆形。识别圆形主要使用 3 个积木。第 1 个是"圆形识别图像 ×× 区域 -xywh[××] 阈值 ×× 最小 r×× 最大 r×× 步长 r×× 合并 x 值 ×× 合并 y 值 ×× 合并 r 值 ××"积木。例如，摄像头在指定区域[0,0,320,240]中寻找最小半径为 2、最大半径为 100 的圆形，接着返回一个序列值。第 2 个是"圆形解析对象 ×× 获取 ××"积木，用来获取圆形所在位置的坐标和该圆形的半径。第 3 个是"绘制圆形图像 ×× 坐标 -xyz[××] 颜色 ×× 粗细 ×× 填充 ××"积木，用来在 IPS 屏上标注出圆形所在的位置。

识别圆形的参考代码如图 3-4-2 所示。

```
K  K210 Maixduino 主程序
K  屏幕初始化为频率  15000000  背景  灰色  开启 ▼
K  初始化为  单目 ▼  参数 ⚙
K  相机  开启 ▼  垂直镜像
循环执行
   将变量  img ▼  赋值为  K  相机获取图像
   使用 i ▼ 从序列  ◎  圆形识别 图像  变量 img  区域-xywh  [0,0,320,240]  阈值  2000  最小r  2  最大r  100  步长r  2  合并x值  10  合并y值  10  合并r值  10
   将变量  img ▼  赋值为  ◎  绘制圆形 图像  变量 img  坐标-xyr  ◎  圆形解析 对象  变量 i  获取  坐标-xyr ▼  颜色  粗细  2  填充  否 ▼
   K  屏幕显示图像 image: 变量 img
```

图 3-4-2　识别圆形的参考代码

将代码上传到 K210 主控板进行测试，我们发现 K210 主控板可以迅速识别出圆形，但是在标注时却出现了图 3-4-3 所示情况。

可以通过调整阈值来解决这个问题，这里，我们把阈值调整为 3800，绘制的圆形和 IPS 屏中的圆形外轮廓基本重合，如图 3-4-4 所示。没有完全重合的原因是手持 K210 主控板，出现的抖动状况。

图 3-4-3　标注时出现的不准确情况　　图 3-4-4　绘制的圆形及其外轮廓

3.4.2　识别矩形

接着，我们再来识别矩形，识别矩形的基本原理和识别圆形基本一样，但是因为矩形在现实生活中较常出现，所以摄像头可能会识别出多个矩形，为此我们需要将摄像头识别窗口的大小调整为 160 像素 ×120 像素，并将识别区域调整为 [0,0,160,120]，参考代码如图 3-4-5 所示。

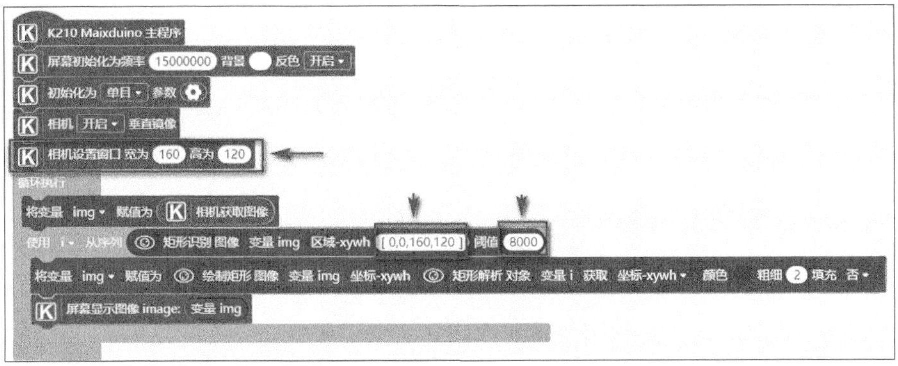

图 3-4-5　调整摄像头识别窗口大小和识别区域的参考代码

运行程序，识别矩形的效果如图 3-4-6 所示。

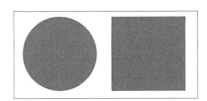

图 3-4-6　识别矩形的效果

3.4.3　计算圆形和矩形的面积比

在 2020 年顺德科创节的比赛中，有一道题是这样的：在同一个平面内，有任意一个圆形和一个矩形（见图 3-4-7），请大家通过编程，计算两图形的面积比。

图 3-4-7　任意的圆形和矩形

我们无法直接计算出每个图形的实际面积，因为物体离摄像头的距离越远，成像就越小；物体离摄像头越近，成像就越大。虽然我们能得到 x、y、r 的值，但这只是物体成像所得到的值，并不是物体的实际值。不过，在同一平面内，我们可以算出两者的面积比。

计算圆形面积时，我们只需得到半径 r 的值，再利用 $S_圆 = \pi \times r \times r$ 即可得到圆形的面积，参考代码如图 3-4-8 所示。

计算矩形面积时，需要得到矩形的宽 w 的值和高 h 的值，利用 $S_{矩形} = w \times h$ 即可得到矩形的面积，参考代码如图 3-4-9 所示。

图 3-4-8　获取圆形坐标的参考代码 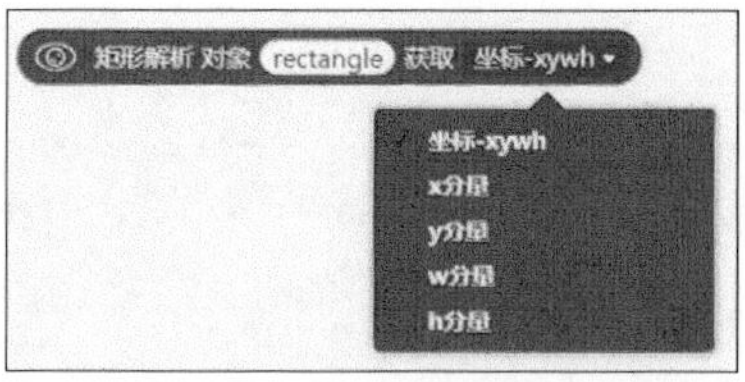　　图 3-4-9　获取矩形坐标的参考代码

计算两图形面积比的参考代码如图 3-4-10 所示。

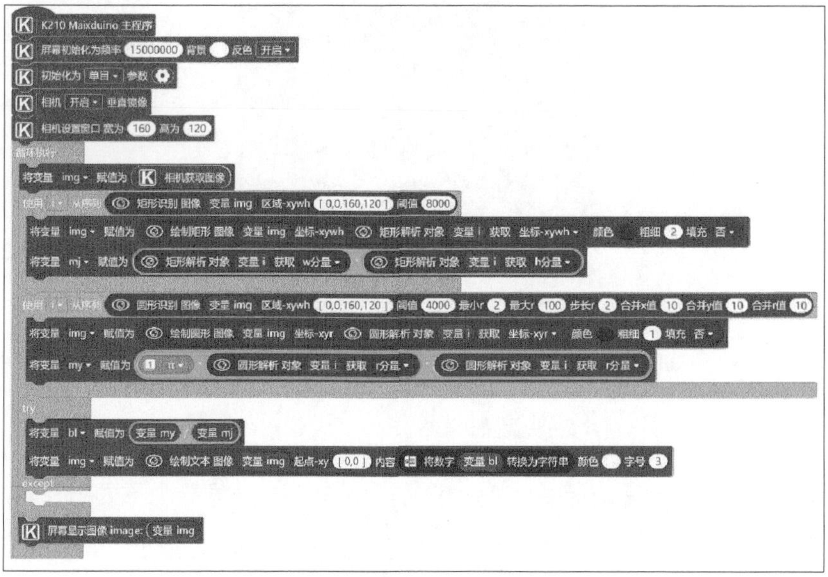

图 3-4-10　计算两图形面积比的参考代码

运行程序，效果如图 3-4-11 所示，大家赶紧动手试一试吧!

图 3-4-11　测试效果

3.5 模型检测

说到人工智能就不得不提机器学习，一般情况下机器学习的步骤是确定模型、训练模型、使用模型。那么模型又是什么呢？如何训练模型呢？

先举一个生活中的例子，人工智能机器就像一个两三岁的小朋友，如果想让小朋友了解猫，我们应该怎么做呢？难道要告诉他们，猫是猫科动物，有 4 条腿，长尾巴，并且喜欢夜间行动吗？当然不是，一般我们会给小朋友看猫的图片，或者在生活中看到猫时告诉他们，这就是猫。用不了多久，小朋友就能认识猫了，哪怕是很抽象的图片，他也能认出，这个过程和机器学习的过程有相似之处。其实我们并不清楚小朋友到底是怎么认识猫的，但是小朋友在自己的大脑中建立了一套认识猫的模型（类似程序中的算法），于是他们看到一个动物就能判断出它是不是猫。

机器学习的过程也是如此，我们拿足够多的猫的图片或视频给具有人工智能功能的机器学习，之后再遇到猫，其也能识别出来。这个学习的过程就是模型训练，模型可以理解为一种算法或一种功能。

我们先来体验一下如何利用已有的模型让人工智能机器进行人脸追踪。

在配套资料中找到"人脸检测模型及程序"文件夹，先将模型文件（facedetect. kmodel）复制到 TF（micro SD）存储卡中，然后将 TF（micro SD）存储卡插入小方舟的卡槽中，如图 3-5-1 所示。

图 3-5-1 插入 TF（micro SD）存储卡

打开 Mind+, 单击"扩展", 在"主控板"选项卡中选择"Maixduino", 然后返回主界面, 单击"教程", 在"示例教程"中选择"AI 人脸追踪", 如图 3-5-2 所示。

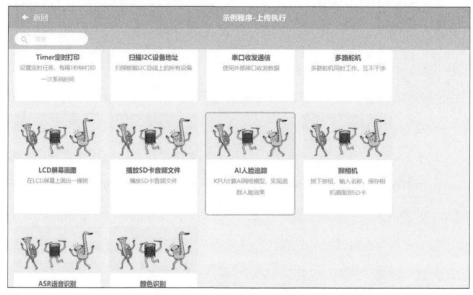

图 3-5-2 选择"AI 人脸追踪"

选择"AI 人脸追踪"后, 在主界面的编程区域会出现图 3-5-3 所示的代码。

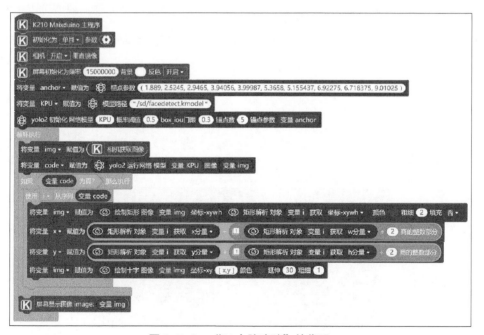

图 3-5-3 "AI 人脸追踪"的代码

我们来具体分析一下该代码。

首先，建立变量"anchor"，将其赋值为"锚点参数"，那么如何得到锚点参数呢？在配套资料的模型文件中，除"xx.kmodel"模型文件之外还会有一个"anchors.txt"文件和一个"classes.txt"（或者是"labels.txt"）文件，"anchors.txt"文件里就是锚点参数，将锚点参数复制粘贴进代码里即可。至于什么是锚点参数，这是一个比较复杂的概念，大家可以查阅相关图书或网站，这里不对其进行详细解释。

接着，设置模型的存储路径，我们可以直接将"xx.kmodel"模型文件存储在 K210 主控板中，但由于 K210 主控板的存储空间有限，建议将"xx.kmodel"模型件存储在 TF（ micro SD）存储卡中，然后初始化 YOLO 模型，那么代码里的"yolo2"又是什么呢？YOLO 的标志如图 3-5-4 所示。

图 3-5-4　YOLO 的标志

YOLO 的全称是"You Only Look Once"，指的是浏览一次就可以识别出物体的类别和位置的算法，如图 3-5-5 所示。

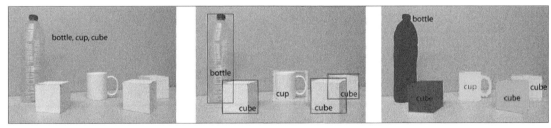

图 3-5-5　YOLO 识别

计算机视觉一般有 3 类任务，分别是分类、目标检测和实例分割。图 3-5-5 的最左边的图中有瓶子、杯子和立方体，中间的图中标注了瓶子、杯子和立方体，最右边的图中不仅标注了瓶子、杯子和立方体，还标注了物体的轮廓。看得出难度越来越大，而 YOLO 就是为了完成中间的任务——目标检测。

YOLO 是目标检测模型。目标检测是计算机视觉中比较简单的任务，可以在一张图中找出某些特定的物体。目标检测不仅要求识别出物体的种类，同时要求标注出物体的位置。最经典的 YOLO 目标检测流程如图 3-5-6 所示。

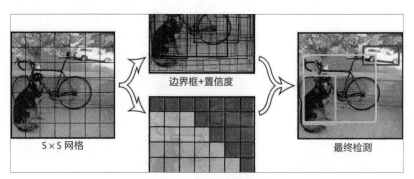

图 3-5-6　YOLO 目标检测流程

初始化 YOLO 模型后，我们就可以使用 K210 主控板进行目标检测了。运行程序，效果如图 3-5-7 所示。我们可以看到，K210 主控板能快速、准确地识别出人脸，并对人脸进行标注。

图 3-5-7　人脸检测的效果

我们再来体验一个使用模型进行识别的案例，这次的模型是口罩识别模型。在配套资料中找到"口罩识别模型"文件夹，文件夹中共有 3 个文件（见图 3-5-8）。其中，"anchors.txt"是锚点参数，"kouzhao.kmodel"是口罩识别的模型文件。

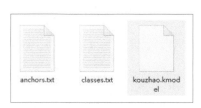

图 3-5-8　口罩识别的模型文件

打开"classes.txt"文件，里面存储的是分类名，将佩戴口罩设置为 Masks，将没有佩戴口罩设置为 Un-Masks，如图 3-5-9 所示。

图 3-5-9　分类名

我们对"AI 人脸追踪"的代码稍作修改即可实现检测人们是否佩戴口罩的功能，参考代码如图 3-5-10 所示。

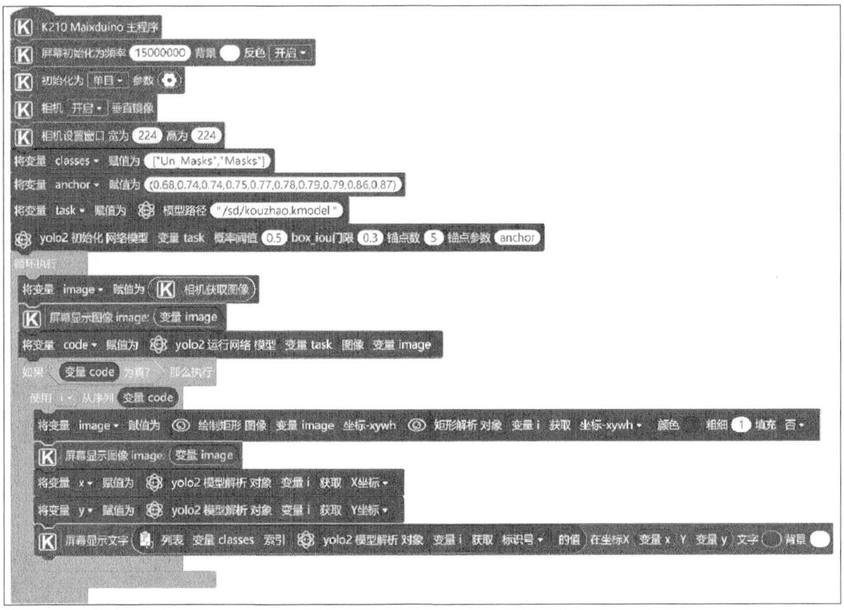

图 3-5-10　检测人们是否佩戴口罩的参考代码

将代码上传至小方舟，运行效果如图 3-5-11 所示。

图 3-5-11　检测人们是否佩戴口罩的效果（左图为佩戴口罩，右图为未佩戴口罩）

在配套资料中找到"交通标志模型"文件夹，下载交通标志的模型，动手尝试识别出交通标志吧！

只要有训练好的模型就可以让 K210 主控板识别物体，而且准确度较高，受外界的干扰也较少，那这些模型是从何而来的呢？我们可以在 Maixduino 的官方模型网站下载，网站里有一些模型可以直接使用。

该网站暂时可以下载的模型并不多，但是该网站支持上传个人训练的模型。随着用户越来越多，相信未来可以在该网站下载更多模型。虽然可以找到别人训练的模型，但别人训练的模型有时并不能满足自己的个性需求，这时就要求我们自己训练模型。下一节我们将学习如何训练模型。

3.6　模型训练

上一节，我们学习了如何使用模型识别物体，下面我们来学习如何训练模型。训练模型就是用已有的数据，通过一些方法确定函数的参数，确定参数后的函数就是训练的结果，使用模型是指把新的数据代入函数求值。

判断一个四边形是不是矩形的方法有很多，这些方法实际上就可以理解为一种模型。例如，我们可以判断该四边形的 4 个角是不是直角，如果 4 个角都是直角，那我们就认为它是矩形。那么，判断 4 个角是不是直角，就是判断该四边形是不是矩形的其中一种模型。

大家可以搜索训练模型的方法，但大多是用代码进行训练，对中小学生而言有些难度。下面，我为大家介绍一款非常厉害的软件——Mx-Yolov3（见图 3-6-1）。

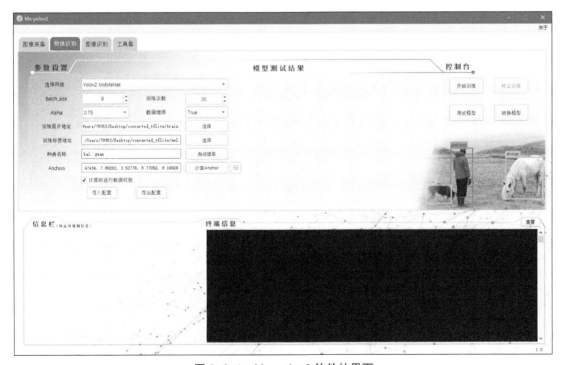

图 3-6-1　Mx-yolov3 软件的界面

我们先来看看该软件如何安装。这是一款图形化的模型训练软件，对中小学生而言难度较低，是袁运强老师专门为中小学生训练模型而设计的。大家可以在配套资料中下载 Mx-yolov3 软件，解压后可以得到图 3-6-2 所示内容。

📁 1.环境配置	2020/12/3 12:38	文件夹
📁 configs	2020/12/3 10:45	文件夹
📁 datasets	2021/3/22 13:03	文件夹
📁 Image_tool	2020/12/3 10:50	文件夹
📁 kflash	2020/12/3 10:50	文件夹
📁 LabelImg	2020/12/3 10:50	文件夹
📁 Maix程序与固件	2020/12/3 10:50	文件夹
📁 MobileNet	2020/12/3 12:33	文件夹
📁 NNCase_v0.2.0_Beta3_Qt	2020/12/3 10:50	文件夹
📁 NNCase0.1.0_Qt	2020/12/3 10:50	文件夹
📁 Resources	2020/12/3 10:51	文件夹
📁 test	2020/12/3 10:52	文件夹
📁 yolov2	2020/12/3 22:22	文件夹
📁 yolov3	2020/12/3 12:33	文件夹
📁 模型文件	2020/12/3 21:59	文件夹
kflash_gui.conf	2021/5/19 0:12	CONF 文件　　　　1 KB
mobilenet_1_0_224_tf_no_top.h5	2020/11/30 14:11	H5 文件　　　16,823 KB
mobilenet_2_5_224_tf_no_top.h5	2020/11/30 14:10	H5 文件　　　　2,059 KB
mobilenet_5_0_224_tf_no_top.h5	2020/11/30 14:10	H5 文件　　　　5,447 KB
mobilenet_7_5_224_tf_no_top.h5	2020/3/24 17:40	H5 文件　　　10,378 KB
Mx-yolov3.exe	2020/12/3 12:53	应用程序　　169,109 KB
NNCase_v0.1.0.exe	2020/3/31 16:20	应用程序　　　35,099 KB

图 3-6-2　Mx-yolov3 软件的解压文件

运行"环境配置 .exe"文件，效果如图 3-6-3 所示。

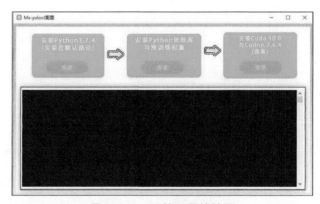

图 3-6-3　环境配置的效果

首先，安装 Python 3.7.4 版本（很多依赖库不支持 Python 3.8 版本），且必须安装在默认路径，并勾选"Add Python 3.7 to PATH"（见图 3-6-4），否则修改 Kreas 网络将会失败。

图 3-6-4　安装 Python3.7.4 版本

安装依赖库、复制权重文件并修改 Kreas 网络，在安装依赖库的过程中，若收到 HTTP 错误的信息，请及时更换网络环境并重试。开始安装库与权重文件如图 3-6-5 所示，图 3-6-6 表示安装成功。

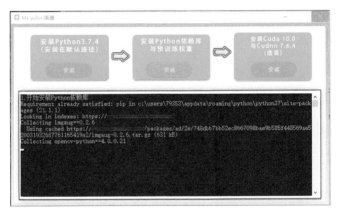

图 3-6-5　开始安装库与权重文件

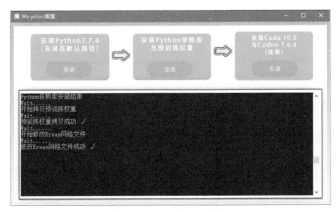

图 3-6-6　安装成功

如果计算机安装了 Nvida 显卡，则需要安装 CUDA_10.0 和 Cudnn_7.6.4，安装成功后将自动启用 GPU 进行训练。安装的网络教程在文件夹内。如果没有独立显卡或使用非 Nvida 的独立显卡，则不需安装这两个软件。

CUDA 的安装比较麻烦，大家需要认真阅读教程文件，因为不同操作系统安装的版本是不同的，需要根据实际情况选择。安装成功后，我们就来学习如何利用 Mx-Yolov3 训练模型。

1. 准备文件夹

新建一个文件夹，在该文件夹里新建图 3-6-7 所示的几个文件夹。

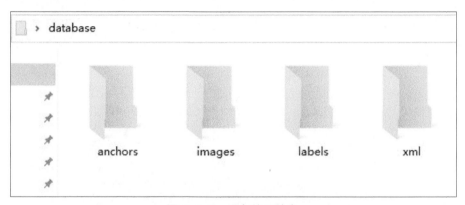

图 3-6-7　准备的文件夹

2. 准备图片

要训练一个模型，必须给人工智能机器足够多的图片让其学习。这里以识别苹果和香蕉为例，至少准备 60 张苹果的（最好多种品种、多种颜色）图片和至少 60 张香蕉的图片让人工智能机器学习，图片越多，识别率越高。

获取图片的方式有很多种，用手机或相机拍摄、利用小方舟的拍照功能拍摄、从网站下载等，我们重点讲解利用小方舟的拍照功能拍摄图片。

在网站下载用于爬取图片的软件，启动的界面如图 3-6-8 所示。

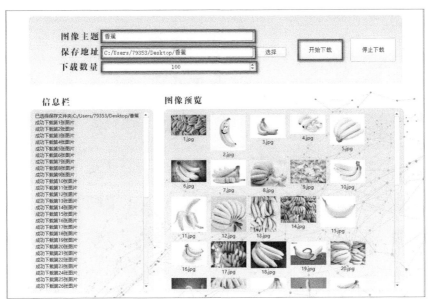

图 3-6-8　"网上爬取图片"软件的启动界面

设置图像主题、保存地址和下载数量。如果需要60张香蕉图片，最好将下载数量设置得多一点，例如100张，因为可能存在不合适的图片。另外，我们在设置图像主题的时候尽量多列出几个关键词，以确保爬取结果的准确性。

3. 处理图片

处理下载的图片。删除不合适的图片或格式不正确的图片，尽量使用 JPG 和 PNG 格式的图片。以苹果为例，下载的图片中可能存在不合适的图片（见图3-6-9红框内）。

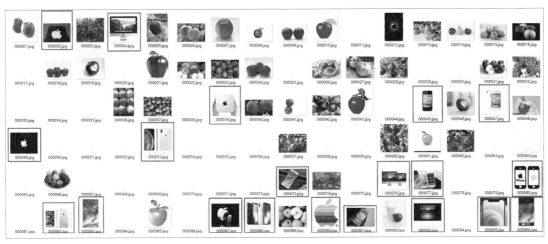

图 3-6-9　下载的苹果图片

处理后的苹果图片如图3-6-10所示。图片全部处理好之后,将图片全部放入"images"文件夹中。

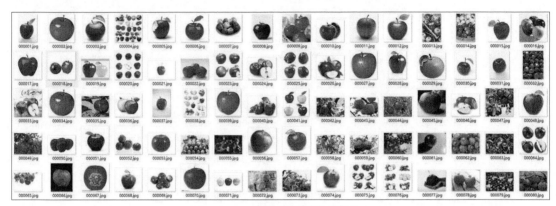

图 3-6-10　处理后的苹果图片

接着,调整图片的大小,将图片的大小调整为224像素×224像素。最后,对图片重命名,建议用数字命名。

4. 标注图片

标注图片使用到的软件是 Labelimg 软件(见图 3-6-11 红框内),打开后的界面如图 3-6-12 所示。

图 3-6-11　Labelimg 软件

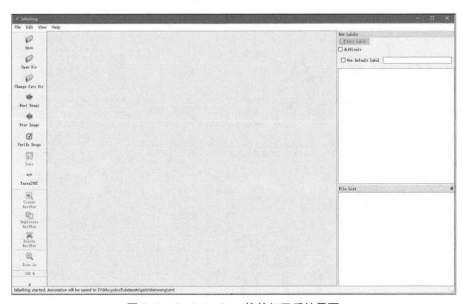

图 3-6-12　Labelimg 软件打开后的界面

将图片所在的位置更改为"images"文件夹。将标签所在的位置更改为"xml"文件夹，如图 3-6-13 所示。

图 3-6-13　更改图片和标签所在的位置

接着，单击"Create RectBox"，并选择图片中的苹果，在弹出的处理框中输入"apple"，标注完成后单击"Save"，然后单击"Next Image"标注下一张，直到将所有图片都标注完成并保存标注（见图 3-6-14）。

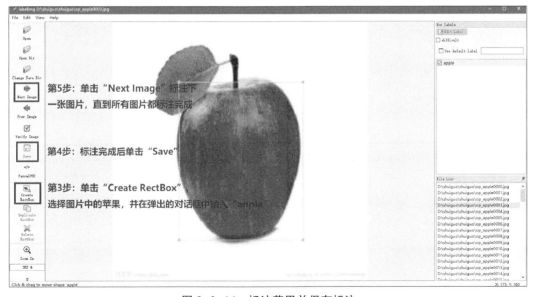

图 3-6-14　标注苹果并保存标注

这里以识别香蕉和苹果为例，用"apple"标注苹果，用"banana"标注香蕉。图片标注是一个需要耐心的细致活，我们需要尽可能地准确标注，这样最终得到的模型才更准确。需要注意的是：如果一张图片中有多个目标物体，则每个目标物体都要标注。例如，若图中有 4 个苹果，则要对 4 个苹果进行标注。

5. 开始训练

在正式训练前，我们先来了解两个概念。目前 Mx-yolov3 提供了两种训练模式，分别是图形识别和物体识别。图形识别是指识别出图片中物体所属的种类，比如图 3-6-15 所示，识别出的是苹果，且是苹果的概率为 0.8。

图 3-6-15　识别出是苹果的概率为 0.8

物体识别是指识别出图片中物体所在的位置，并且输出该物体的坐标和大小（即框出识别到的物体），如图 3-6-16 所示。

图 3-6-16　识别出图片中物体所在的位置

这里，我们以物体识别为例，操作步骤如图 3-6-17 所示。

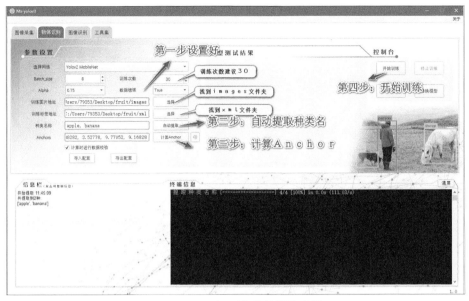

图 3-6-17　识别物体的操作步骤

在这里,我们需要设置很多参数(见图 3-6-18),前面几个参数可以不用更改,如果想让准确度更高且计算机的配置比较好,我们可以将训练的次数设置得多一些。

图 3-6-18　设置目标检测的参数

训练的详细过程如下。首先,将训练图片的地址设置为前面创建的"images"文件夹(见图 3-6-19)。

图 3-6-19　设置训练图片的地址

将训练标签的地址设置为前面创建的"xml"文件夹(见图 3-6-20)。

图 3-6-20　设置训练标签的地址

生成种类名称,这里不用输入,直接单击"自动提取"按钮,就能获得我们在标注时设置的名称(见图 3-6-21)。

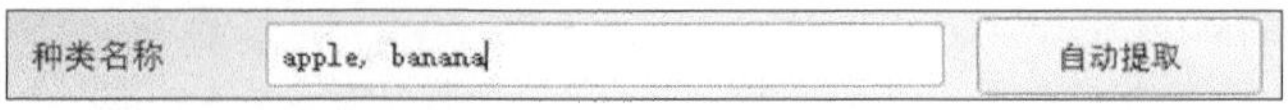

图 3-6-21　生成种类名称

接着，单击"计算 Anchor"按钮，就可以自动生成 Anchors（见图 3-6-22）。

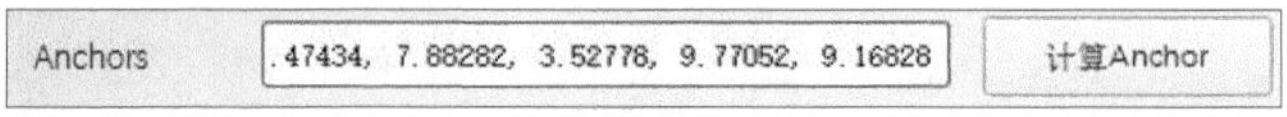

图 3-6-22　生成 Anchors

勾选"计算时进行数据校验"（见图 3-6-23）。

图 3-6-23　勾选"计算时进行数据校验"

准备就绪，单击"开始训练"（见图 3-6-24）。

图 3-6-24　单击"开始训练"

训练开始后，我们会看到图 3-6-25 所示的界面。

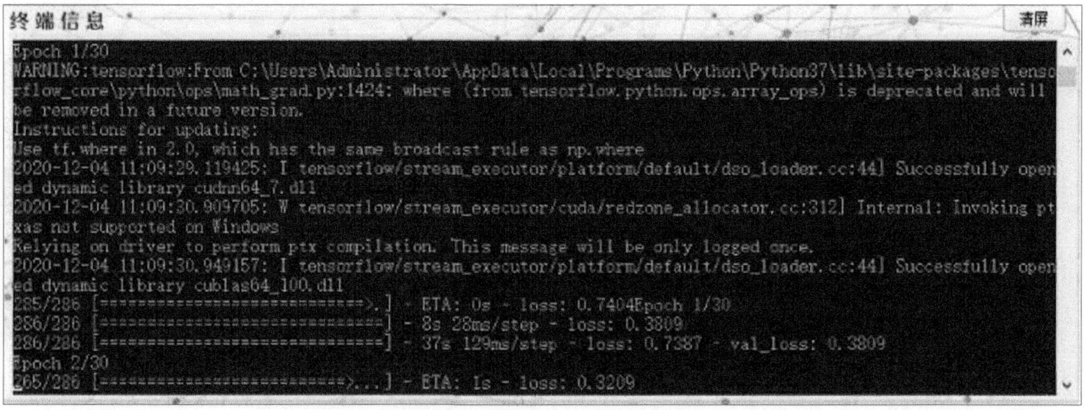

图 3-6-25　训练中的界面

训练的时间根据计算机的性能和数据量而定，建议尽量使用带 GPU 的计算机进行训练，速度会快很多。当出现图 3-6-26 所示界面时，则表示训练结束。

图 3-6-26　训练结束

训练结束后，可以在 Mx-yolov3 主目录下的"模型文件"文件夹（见图 3-6-27）中找到刚才训练好的两个模型文件"yolov2.h5"和"yolov2.tflite"（见图 3-6-28）。

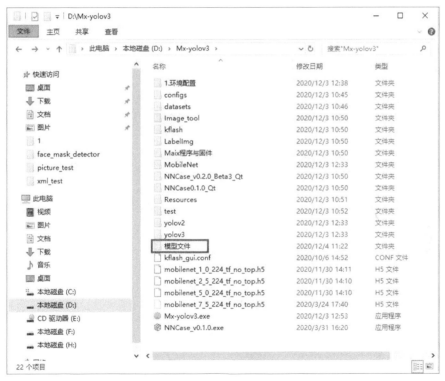

图 3-6-27　找到"模型文件"文件夹

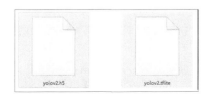

图 3-6-28 模型文件"yolov2.h5"和"yolov2.tflite"

接着，单击"测试模型"按钮，选择"模型文件"文件夹中的"yolov2.h5"文件（见图 3-6-29）。稍等几分钟，Mx-yolov3 将会把测试结果显示出来（见图 3-6-30）。

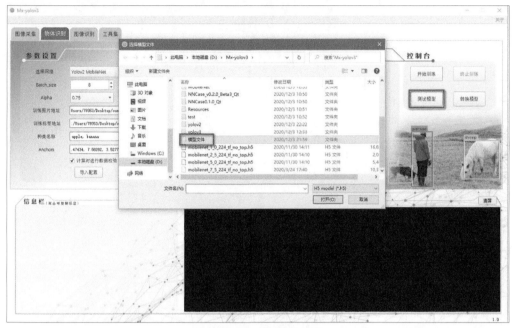

图 3-6-29　选择模型文件

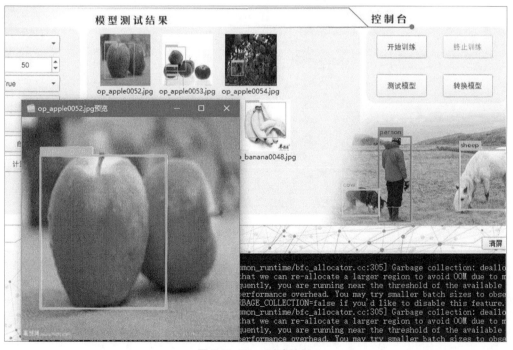

图 3-6-30　测试结果

此时虽然训练了模型，但还不能在 K210 主控板中使用，需要将其转化为"kmodel"模型文件。单击"转换模型"按钮，打开 NNcase0.1.0 模型转换 QT 版本，选择刚才训练出来的"yolov2.tflite"模型文件，保存地址，量化图片地址（训练图片 4~5 张），单击"开始转换"，将看到图 3-6-31 所示信息。

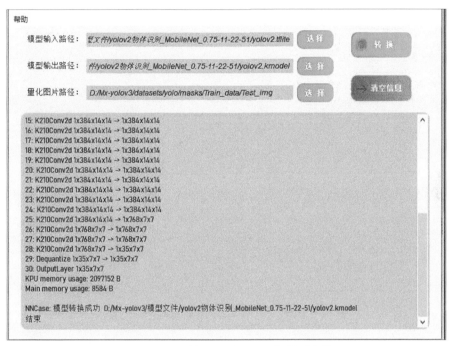

图 3-6-31　转化为"kmodel"模型文件

将转换得到的"yolov2.kmodel"模型文件、"模型文件"文件夹内的"anchor.txt"文件、"label.txt"文件复制到 TF（micro SD）存储卡上，然后将上一节所学的代码稍作修改就可以识别出苹果和香蕉了，最终效果如图 3-6-32 所示，大家赶紧动手试试吧。

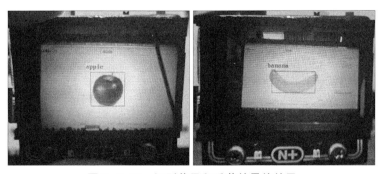

图 3-6-32　识别苹果和香蕉的最终效果

第四章　人工智能

视觉识别应用案例

前面我们用很长的篇幅学习了一些基础知识，所谓磨刀不误砍柴工，这些都是我们学习后面内容必须掌握的知识。我们已经学习了什么是人工智能，但是在制作相关作品时需要了解人工智能的3个要素：感知、数据和算法。

第1个要素是感知。感知是指由传感器或感知设备等感知节点收集物理世界实时运行状态的数据，感知一般由感知节点组成的网络（简称感知网络）获得。简单来说就是感受和探测人工智能周边的一切，并把感知到的东西转化为数据再传给人工智能控制中心（MCU）。

第2个要素是数据。有一句话叫熟能生巧，意思是人们通过大量的训练，可以获得某种高超的技能。人工智能的根基也是训练，只有经过大量的训练，神经网络才能总结出规律，应用到新的样本上。如果现实中出现了训练集里从未出现过的场景，那么网络基本就处于盲目地猜的状态，正确率可想而知。比如，人们为了让人工智能机器识别出猫，会让人工智能机器学习200万张猫的图片，最后它能够识别出猫的成功率达到99.6%。我们看到猫，一眼就知道那是猫。但是人工智能会把猫的各个特征都转化为数据，看到要识别的物体，就会将识别到的物体的数据和数据库中的数据进行比对，超过一定的值相同则认为是同一个物体。因此，对人工智能而言，大量的数据太重要了，而且需要覆盖各种可能的场景，这样才能得到一个表现良好的模型。

第3个要素是算法。算法（Algorithm）是指解题方案的准确而完整的描述，是一系列解决问题的清晰指令，算法代表着用系统的方法描述解决问题的策略机制。简单来说就是如何将感知到的物体的数据进行分析，然后将其转化为行动的一种策略。

我们以一辆无人驾驶汽车为例。这辆无人驾驶汽车正以80km/h的速度前进，突然识别到前方有一个人，这时无人驾驶汽车该怎么办呢？大家肯定会认为它一定会立即停车，但其实并没有那么简单。

在这个例子中，无人驾驶汽车识别到前方有一个人，这就是感知。

感知之后就结束了吗？并没有，接着，传感器会告诉汽车中的人工智能系统车的前方有一个人，以及人距离车有多远，并且，人工智能系统会将人默认为一个矩形，告诉汽车这个矩形大概的高度和宽度，以及除了人之外还有没有其他障碍物等，这就是一系列的数据。

人工智能系统接收到这些数据后停车就结束了吗？如此简单就不是人工智能了，传感器已经把大量的数据告诉了人工智能系统，人工智能系统便开始分析，现在汽车正以80km/h

的速度前进，如果立即刹车，坐在车里的人会由于惯性向前倾斜，造成伤害。所以人工智能系统还要分析前面的那个人是静止的，还是移动的。如果人是静止的，则分析车可不可以在人的两侧行驶，那么这个人的左右两边有没有其他障碍物呢？如果人是移动的，那么这个人的移动速度是多少？按照这个移动速度，此人能否在车到达前离开？如果能，车稍微减速就可以；如果不能，车能否在其他车道行驶呢？通过一系列的计算，最终选择一个既不会伤害到车前方的人，又不会使坐在车里的人受伤的最好方法，这就是算法。

在本书中，小方舟的本质是"传感器"，它的传感方式是通过"看"来实现的，通过"看"来感知，并把"看"到的数据发送给人工智能控制中心（本书以掌控板为控制中心）。

小方舟对数据进行处理后，输出的数据还要进行"人工处理"。小方舟系列视觉传感器面向嵌入式图像识别领域，内置多种实用的视觉算法，不仅识别率高，稳定性好，而且持续提供升级和算法扩展。我们要做的就是设计算法，研究如何应用这些数据设计出有创意的作品，甚至用其解决生活中的问题，这将是很有意义的事情。

在本章，我们将通过一系列的案例介绍如何利用小方舟感知的数据进行算法设计，并制作出有创意的作品。

4.1　无人驾驶汽车模型

相信大家都听说过无人驾驶汽车，那到底什么是无人驾驶汽车呢？无人驾驶汽车是通过车载传感系统感知道路环境，自动规划行车路线并控制车辆到达预定目的地的智能汽车。它利用车载传感器感知车辆周围环境，并根据感知所获得的道路、车辆位置和障碍物信息，控制车辆的转向和速度，从而保证车辆安全、可靠地在道路上行驶。

无人驾驶汽车听起来很科幻，但它其实早已来到了我们身边。

大家应该听说过无人驾驶汽车 Waymo（见图 4-1-1），Waymo 的行驶路程已经超过了 32 万千米。技术人员表示，Waymo 可以通过摄像头、毫米波雷达和激光测距仪"看到"其他车辆，并使用详细的地图进行导航，它的数据处理能力非常强大。其所面临的难题是无人驾驶汽车和人驾驶的汽车同时在道路上行驶时，如何不引起交通事故。

图 4-1-1　无人驾驶汽车 Waymo

我国自主研制的无人驾驶汽车——由国防科技大学研制的红旗 HQ3 无人驾驶汽车于 2011 年 7 月 14 日首次完成了从长沙到武汉共 286km 的高速全程无人驾驶试验，创造了中国自主研制的无人驾驶汽车在一般交通状况下自主驾驶的新纪录，标志着中国无人驾驶汽车在环境识别、智能行为决策和控制等方面实现了新的技术突破（见图 4-1-2）。

图 4-1-2　红旗 HQ3 无人驾驶汽车

百度也在无人驾驶汽车领域进行了深入的探究，2014 年 7 月 24 日，百度启动了无人驾驶汽车的研发计划。百度无人驾驶汽车的代号为 Apollo，Apollo 能够自动识别交通指示牌和行车信息，具备雷达、摄像头、全球定位系统等电子设施，并安装有同步传感器。车主只要在导航系统中输入目的地，汽车即可自动行驶，前往目的地。在行驶过程中，汽车会通过传感设备上传路况信息，在大量数据的基础上进行实时定位分析，从而判断自己的行驶方向和速度。百度已经将视觉、听觉等识别技术应用在无人汽车系统的研发中，负责该项目的是百度深度学习研究院。

2019 年 6 月 21 日消息，长沙市人民政府颁布了《长沙市智能网联汽车道路测试管理实施细则（试行）V2.0》，并发放了 49 张自动驾驶测试牌照。其中，百度 Apollo 获得第 45 张自动驾驶测试牌照，百度在长沙正式开启大规模的测试。

随着 5G 的普及，未来会有更多的无人驾驶汽车出现在我们的生活中。其实现在很多车都已经基本具备初级的无人驾驶功能，比如自动泊车、辅助驾驶等。

下面，我们尝试动手制作一台简易的无人驾驶汽车模型。制作无人驾驶汽车模型所需的材料如表 4-1-1 所示。

表 4-1-1　制作无人驾驶汽车模型所需的材料

序号	名称	数量
1	掌控板	3 个
2	千里马（可以用任意一台巡线小车代替）	1 个
3	180° 舵机	1 个
4	RGB LED	1 个
5	红绿灯结构件	1 套
6	超声波传感器	1 个
7	结构件	若干
8	交通标志卡片	2 张或 2 张以上
9	卡纸	若干
10	存储卡（存储空间大小最好小于 32GB，使用前对其进行格式化）	1 个
11	读卡器（根据实际情况配置合适的读卡器）	1 个
12	地图（可根据实际条件制作，参考材料为胶布）	1 张

1. 制作地图

首先，打印无人驾驶汽车模型的地图（见图4-1-3）。

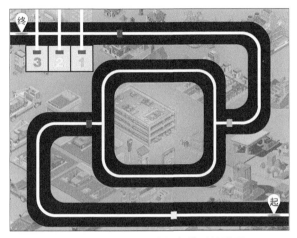

图 4-1-3 无人驾驶汽车模型的地图

在制作之前，我们需要了解一些关于全球定位系统的小知识。在无人驾驶汽车中，全球定位系统使用三角测量确定位置（见图4-1-4）。在测量中，可能存在1~10m的误差，这种误差比较大，对于乘客或无人驾驶汽车而言可能是致命的。因此，我们需要一些"本地化"的操作（"本地化"是一个计算机科学的术语，意思是软件以某种方式为不同的执行环境做好准备）。本地化是算法的实现，用于预估车辆的位置，误差小于10cm。还有很多不同的技术帮助无人驾驶汽车确定车辆位置，例如测距、SLAM等物理手段，还有卡尔曼滤波器、粒子滤波器等处理手段。

图 4-1-4 GPS（全球定位系统）定位位置

了解了全球定位系统的知识后，我们继续制作作品。在地图上放置红绿灯装置、交通标志卡片和停车场闸机装置（见图4-1-5）。下面，我们对各装置的制作进行简单描述。

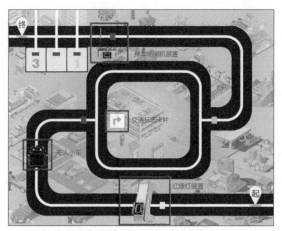

图 4-1-5　放置各种装置

（1）使用 RGB LED、掌控板和结构件制作红绿灯装置，红绿灯装置每 5s 更换一种颜色，可使用纸巾或布等材料遮挡 RGB LED，使灯光更加柔和，如图 4-1-6 所示。

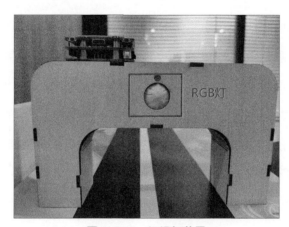

图 4-1-6　红绿灯装置

（2）使用小木块固定交通标志卡片，让其立起来，如图 4-1-7 所示。

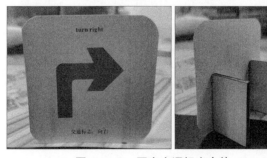

图 4-1-7　固定交通标志卡片

（3）使用超声波传感器、180°舵机、掌控板和结构件制作停车场闸机装置。当超声波传感器检测到有车辆驶来时，舵机下降，并显示出数字卡片，卡片上的数字则代表停车场内的空余车位，当千里马成功识别卡片后，舵机再次升上去，让千里马通过。数字卡片可以打印，也可以使用卡纸制作，如图4-1-8所示。

图4-1-8　停车场闸机装置

2. 编写程序

使用掌控板和千里马制作无人驾驶汽车模型，并利用循迹传感器，实现汽车模型在车道上的行驶。用千里马底部的颜色传感器识别地面的颜色，当传感器识别出地面的颜色是黄色时，千里马切换至颜色识别模式，并识别红绿灯，按照红灯停、绿灯行的方式通过。参考代码如图4-1-9所示。

图4-1-9　红绿灯装置的参考代码

当千里马的颜色传感器识别出地面的颜色是蓝色时，千里马加载交通标志模型，进行交通标志的识别，判断模型表示的是向左转弯还是向右转弯。

当千里马的颜色传感器识别出地面的颜色是紫色时，千里马停下，加载数字模型并获取空余车位的信息。成功识别出数字后，无线广播向闸机装置发送信息，闸机装置收到信息后，打开闸门，千里马就可以驶入车位。

当千里马的颜色传感器识别出地面的颜色是红色时，则表示停车成功。参考代码如图 4-1-10 所示。

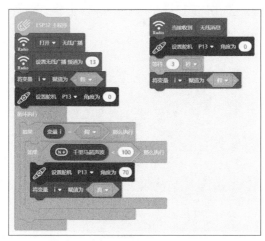

图 4-1-10　停车场闸机装置的参考代码

识别数字采用物体学习的模式，所以需要先训练数字的模型，参考代码如图 4-1-11 所示。

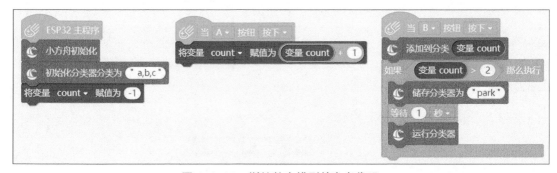

图 4-1-11　训练数字模型的参考代码

交通标志的模型采用 TF（micro SD）存储卡加载的方式，将"jtbz.kmodel"模型文件导入到 TF（micro SD）存储卡中。千里马的颜色传感器识别出地面的颜色是蓝色的参考代码如图 4-1-12 所示。

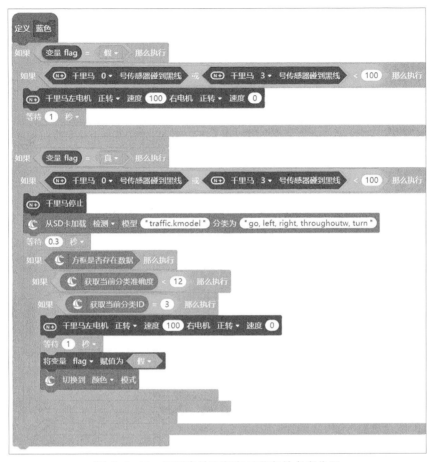

图 4-1-12　识别出地面颜色是蓝色的参考代码

定义函数"巡线"，千里马巡线的参考代码如图 4-1-13 所示。

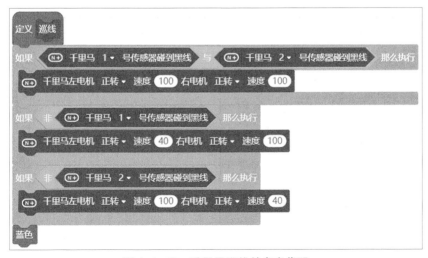

图 4-1-13　千里马巡线的参考代码

接着，定义函数"紫色"，千里马的颜色传感器识别出地面的颜色是紫色的参考代码如图 4-1-14 所示。

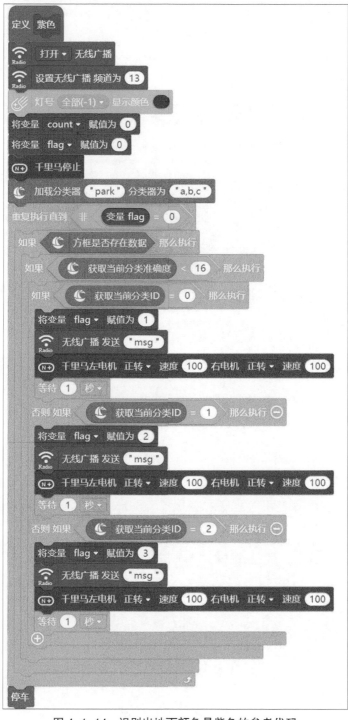

图 4-1-14　识别出地面颜色是紫色的参考代码

定义函数"停车"，千里马停车的参考代码如图 4-1-15 所示。

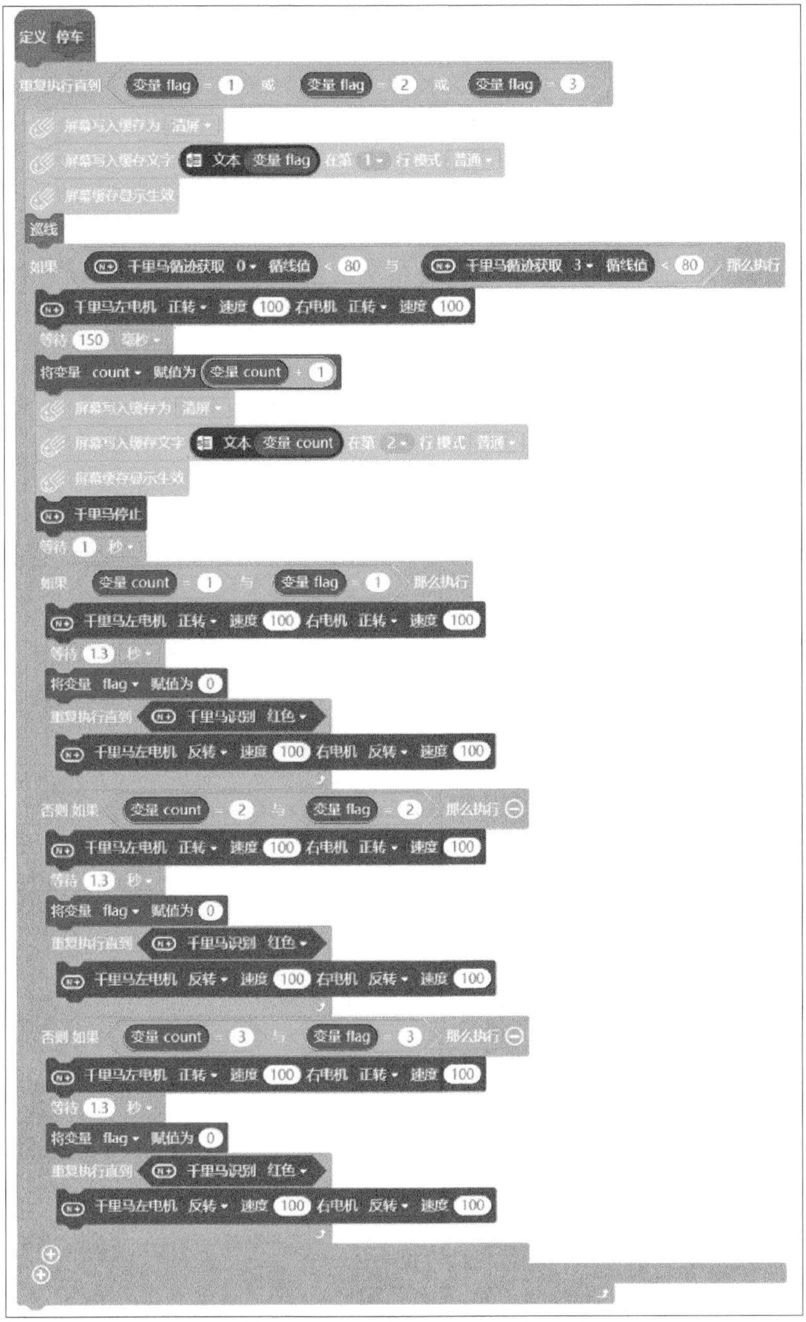

图 4-1-15　千里马停车的参考代码

至此，无人驾驶汽车模型就制作完成了，大家快动手试试吧！

4.2　手摇钢琴装置

　　我们利用小方舟的颜色识别功能，制作一架手摇钢琴装置。以椴木板拼搭的钢琴造型为载体，转动钢琴装置上的手柄，在其中一个钢琴键处将会出现不同的颜色块，小方舟根据识别出的不同颜色块播放不同的音乐。同时，钢琴上的 RGB 光环板亮不同颜色的灯光。手摇钢琴如图 4-2-1 所示。

图 4-2-1　手摇钢琴

制作手摇钢琴装置所需的材料如表 4-2-1 所示。

表 4-2-1 制作手摇钢琴装置所需的材料

序号	名称	数量
1	掌控板	1 个
2	百灵鸽扩展板	1 个
3	数据线	1 条
4	M3×8 螺栓	5 个
5	M3 螺母	2 个
6	L 形支架	1 个
7	白纸	1 个
8	彩笔	1 个
9	胶水	1 个
10	螺丝刀	1 个
11	小方舟	1 个
12	RGB 光环板	1 个
13	3Pin 杜邦线	1 条
14	小方舟杜邦线	1 条
15	椴木板	若干

1. 连接 RGB 光环板和百灵鸽扩展板

首先，连接 RGB 光环板和百灵鸽扩展板。将 3Pin 杜邦线的白色一端接光环板，黑色一端接百灵鸽扩展板。我们可以连接百灵鸽扩展板的引脚 P13~P16，这里连接的是引脚 P13，如图 4-2-2 所示。

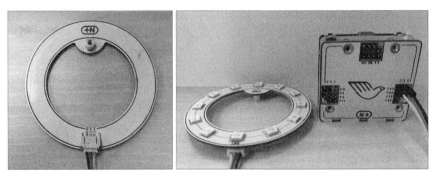

图 4-2-2　连接 RGB 光环板和百灵鸽扩展板

2. 搭建外观

在配套资料中找到"激光切割图纸"文件夹中的"手摇钢琴"文件，利用激光切割机切割椴木板得到结构件，也可以购买相应的结构套件或利用手头的材料自制一个相似的外壳，手摇钢琴装置的激光切割图纸如图 4-2-3 所示。

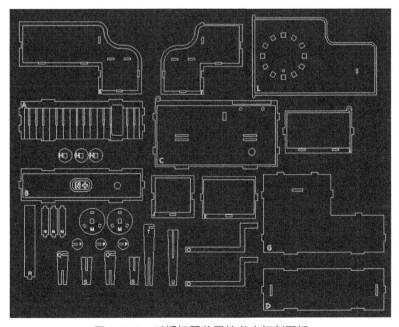

图 4-2-3　手摇钢琴装置的激光切割图纸

安装底部支架。将两个 Q 板和 S 板组装在一起，再用 P 板将 Q 板和 S 板组装的整体固定在 D 板上。接着，将 T 板和 U 板组装在一起，并用 P 板将 T 板和 U 板组装的整体固定在 G 板上，如图 4-2-4 所示。

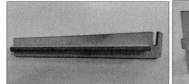  

图 4-2-4　安装底部支架

将 3 块 N 板和 2 块 M 板组装在一起（见图 4-2-5），并且两块 M 板中间的矩形洞需要对齐。如果连接处较松，可以用胶水固定。取若干张纸条，根据 2 块 M 板间的距离裁剪纸条并为纸条涂上颜色，将纸条粘在 M 板的侧面。颜色不能过于相近，否则小方舟容易识别错误，可以选择的颜色有红色、蓝色、绿色等（见图 4-2-6）。

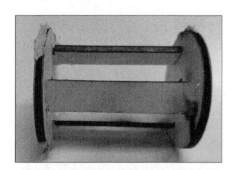 

图 4-2-5　组装 3 块 N 板和 2 块 M 板　　　　图 4-2-6　粘贴不同颜色的纸条

将 2 块 O 板和 2 块 H 板组装在一起，将圆柱放在 B 板的后面，将组装完成的 O 板和 H 板从 B 板正面的圆洞中穿过去，如图 4-2-7 所示。

图 4-2-7　固定 O 板、H 板

组装 A 板、B 板、C 板和 D 板，将 2 块 O 板穿过 C 板，然后用 P 板将其固定，如图 4-2-8 和图 4-2-9 所示。

图 4-2-8　组装 A 板、B 板、C 板和 D 板

图 4-2-9 用 P 板固定 2 块 O 板

组装 G 板、I 板、J 板和 K 板，如图 4-2-10 所示。接着，将 G 板组装在 C 板上，并将 E 板和 F 板组装在手摇钢琴的两侧，如图 4-2-11 所示。

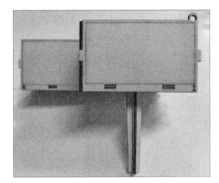

图 4-2-10　组装 G 板、I 板、J 板和 K 板

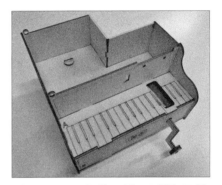

图 4-2-11　组装 G 板、E 板和 F 板

使用螺栓和螺母将 L 形支架固定在小方舟的孔位上，最后将支架固定在 C 板上，如图 4-2-12 所示。将 RGB 光环板固定在 Q 板上，并将 Q 板固定在 C 板和 I 板的洞上，最后将 R 板固定在 Q 板上，如图 4-2-13 所示。

图 4-2-12　固定小方舟

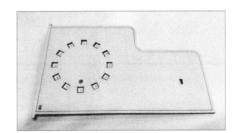

图 4-2-13　固定 Q 板和 R 板

3. 编写程序

编写程序，使该装置能够识别出蓝色、绿色和红色，参考代码如图 4-2-14 所示。

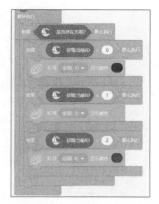

图 4-2-14　识别颜色的参考代码

手摇钢琴的参考代码如图 4-2-15 所示。其中，利用"设置特定区域颜色识别 X××Y××W××H××"积木设置识别的区域，保证识别的准确性。

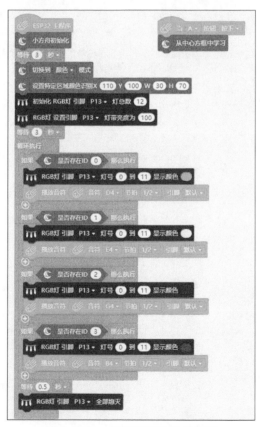

图 4-2-15　手摇钢琴的参考代码

最后上传程序进行测试，转动手柄，让小方舟学习颜色，测试程序是否成功。大家快动手试一试吧！

4.3　读绘本机器人

如今，市面上有很多读绘本的机器人，它们看上去做工简陋，但是能识别出绘本并朗读出来。实际上，读绘本机器人只是一块折射镜，通过一定的角度把绘本画面发送给手机的摄像头，摄像头将图片发送给特定的 App，通过算法，在数据库中找到相同的图片后，播放提前录制好的声音，小方舟也可以实现这个功能。下面，我们就来制作一个读绘本机器人，所需的材料清单如表 4-3-1 所示。

表 4-3-1　材料清单

序号	名称	数量
1	百灵鸽扩展板	1 个
2	MP3 播放模块	1 个
3	小方舟	1 个
4	掌控板	1 个
5	结构件	若干
6	二维码标签	8 个
7	绘本	8 本
8	杜邦线	若干

1. 将音频存入 MP3 播放模块

音频可以自己阅读录制，也可以从相关网站下载，我们选择的是自己阅读录制。先将绘本内容读一遍，录成 MP3 文件。这里以 8 本书的内容为例，将录好的音频文件以数字 1~8 命名（见图 4-3-1）。

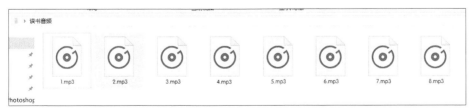

图 4-3-1　录好的音频文件

MP3 播放模块自带存储空间，但存储空间有限，所以尽量压缩音频文件再存入 MP3 播放模块中。通过 USB 接口将 MP3 播放模块与计算机连接（见图 4-3-2）。

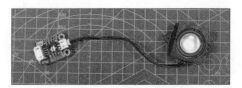

图 4-3-2　连接 MP3 播放模块

2. 贴二维码标签

利用二维码生成软件制作 8 个标签，并将标签打印出来贴在书本上（见图 4-3-3）。利用小方舟的二维码识别功能，让小方舟按照音频文件名的顺序进行学习。需要注意的是，小方舟识别出的二维码 ID 要和音频的文件名一致。

图 4-3-3　贴上二维码标签

3. 连接硬件

小方舟连接百灵鸽扩展板的引脚 P0 和 P1，MP3 播放模块连接百灵鸽扩展板的引脚 P13 和 P14，如图 4-3-4 所示。

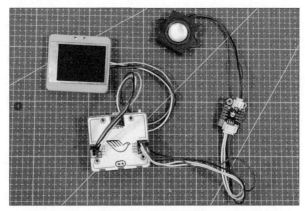

图 4-3-4　连接硬件

4. 编写程序

使用 Mind+ 编程，读绘本机器人的参考代码如图 4-3-5 所示。

```
ESP32 主程序

小方舟初始化直到成功

切换到 二维码▼ 模式

初始化串口MP3模块接口 硬串口1▼ Rx(绿) P13▼ Tx(蓝) P14▼

设置串口MP3模块播放模式为 暂停播放▼

设置串口MP3模块的音量为 100 %

设置 x▼ 的值为 0

循环执行
    如果  是否存在方框? 那么执行
        如果 非 变量 x = 获取当前ID 那么执行
            设置 x▼ 的值为 获取当前ID
            设置串口MP3模块播放模式为 播放▼
            设置串口MP3模块播放第 变量 x 首歌曲
```

图 4-3-5　读绘本机器人的参考代码

5. 组装结构件

利用 3D 打印技术，打印出读绘本机器人的造型，当然也可以使用其他材料和造型，大家可以自由发挥（见图 4-3-6）。接着，连接所有元器件，并将其放入读绘本机器人中。需要注意的是，我们应在读绘本机器人中留出摄像头、开关和充电口的位置。最后进行调试，经过测试，效果非常好，大家快动手试试吧！

图 4-3-6　小机器人造型

4.4　自助体温检测装置

如今，自助体温检测在生活中随时可见，学校、商场、医院等地方都在使用自助体温检测装置。下面，我们也来制作一个在学校使用的自助体温检测装置（见图 4-4-1），并学习其中的知识和原理。

自助体温检测装置的设计思路如下。

（1）自动识别每名学生。

（2）检测学生的体温并播报。当学生体温不超过 37.3℃ 时，装置亮绿灯；当学生体温高于 37.3℃ 时，装置亮红灯，并发出语音提示。

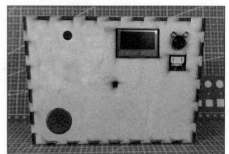

图 4-4-1　自助体温检测装置

（3）所有数据自动上传到数据库。

该自助体温检测装置的思路如图 4-4-2 所示。

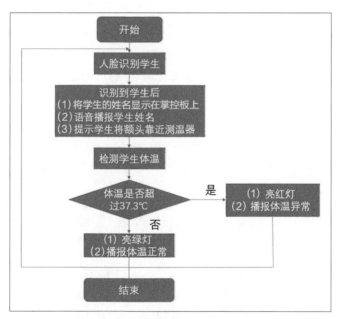

图 4-4-2　自助体温检测装置的思路

制作该装置所需的材料如表 4-4-1 所示。

表 4-4-1　制作该装置所需的材料

序号	名称	数量
1	掌控板	1 个
2	百灵鸽扩展板	1 个
3	小方舟	1 个
4	非接触式红外温度传感器	1 个
5	语音合成模块	1 个
6	激光切割件	若干
7	杜邦线	若干

1. 连接硬件

连接掌控板和百灵鸽扩展板，将小方舟连接至百灵鸽扩展板的引脚 P0 和 P1，红外温度传感器和语音合成模块通过 I²C 接口与百灵鸽扩展板连接，如图 4-4-3 所示。

图 4-4-3　连接硬件

2. 设计外观

利用 Lasermaker 绘制自助检测体温装置的激光切割图纸（见图 4-4-4）。

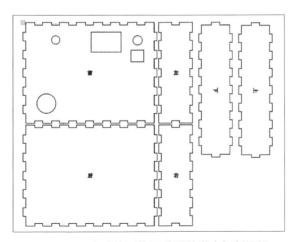

图 4-4-4　自助检测体温装置的激光切割图纸

3. 编写程序

打开 Mind+，选择"上传模式"，单击"扩展"，首先在"主控板"选项卡中选择"掌控板"模块（见图 4-4-5）。接着，在"传感器"选项卡中选择"非接触式红外温度传感器"，（见图 4-4-6）。

图 4-4-5　选择"掌控板"模块

图 4-4-6　选择"非接触式红外温度传感器"

红外温度传感器的积木相对简单（见图 4-4-7），主要有两个功能：识别环境温度和识别物体温度。这里，我们需要识别物体的温度，温度用摄氏温度表示。

图 4-4-7　红外温度传感器的相关积木

其次是语音合成模块。语音合成模块可以将文字用语音读出来。如果第一次使用语音合成模块，则需要在"用户库"中加载。在"用户库"中搜索"语音合成模块"即可找到，如图 4-4-8 所示。

图 4-4-8　加载"语音合成模块"

准备就绪，下面我们就来看看如何将数据上传到数据库。在这里我们使用 TinyWebDB，这是一个小型的在线数据库。打开 TinyWebDB 的网站，界面如图 4-4-9 所示。

图 4-4-9　打开 TinyWebDB 网站

如果没有账户，则需要先注册，也可以使用共享账号，共享账号的用户名和密码都是"share"。但是由于涉及学生的信息，所以建议大家注册一个自己的账号。注册账号后登录，界面如图 4-4-10 所示。我们发现 TinyWebDB 网站主要有两个功能：数据浏览和数据导入。大家需要记住图 4-4-10 红框中的内容，在编程中会使用到。

TinyWebDB信息	数据浏览 数据导入 退出登录
服务器地址	http://
API信息	
API地址	http://
请求类型	POST
必选参数	必选参数值
用户名（user）	
密钥（secret）	
操作（action）	更新update、读取get、删除delete、计数count、查询search
可选操作	附加的参数以及返回值
更新（update）	必填参数：tag=变量名、value=变量值；无返回值
读取（get）	必填参数：tag=变量名；返回变量的值
删除（delete）	必填参数：tag=变量名；无返回值
计数（count）	无其他参数，返回保存变量的个数
查询	可选参数：no=起始编号、count=变量个数、tag=变量名包含的字符、

图 4-4-10　登录 TinyWebDB 网站后的界面

单击"数据浏览"，我们可以看到图 4-4-11 所示界面。id 和时间是系统自动生成的，我们可以修改标签和标签对应的值。这里，我们只需要学生的姓名和体温即可。

图 4-4-11　单击"数据浏览"后的界面

在 Mind+ 的"扩展"中找到"网络服务"选项卡，选择"TinyWebDB"模块，如图 4-4-12 所示。

图 4-4-12　选择"TinyWebDB"

返回主界面，我们可以看到"TinyWebDB"模块的相关积木。在这里，我们只需要使用两个积木："设置服务器参数"积木（见图 4-4-13）和"更新 (update) 标签 (tag)×× 值 (value)××"积木（见图 4-4-14）。在"设置服务器参数"积木中，将登录网站后的界面中的 3 个参数填入即可。

图 4-4-13　"设置服务器参数"积木

"更新 (update) 标签 (tag)×× 值 (value)××"积木的功能简单地说就是记录学生的数据，主要是更改标签和标签对应的值。

图 4-4-14　"更新 (update) 标签 (tag)×× 值 (value)××"积木

另外，因为要上传数据，所以 Wi-Fi 网络也是必不可少的。在"网络服务"选项卡中选择"Wi-Fi"模块，如图 4-4-15 所示。

图 4-4-15　选择"Wi-Fi"模块

下面，我们就可以编程了。首先，新建列表并以各个班级命名，将每个班的学生姓名录入系统。例如，新建列表"1 班"，如图 4-4-16 所示。

图 4-4-16　新建列表"1 班"

新建列表"1 班"后，在"变量"类别中会出现相应的积木。接着，新建函数"录入学生信息"，将学生的姓名信息添加到列表"1 班"中，如图 4-4-17 所示。

图 4-4-17　新建函数"录入学生信息"

接着，新建函数"初始化"，并编写对系统进行初始化的代码，初始化完毕后播放音频"系统初始化完毕，可以开始使用"，参考代码如图 4-4-18 所示。

图 4-4-18　新建函数"初始化"

接下来，新建函数"人脸识别"，并编写进行人脸识别的代码，参考代码如图 4-4-19 所示。

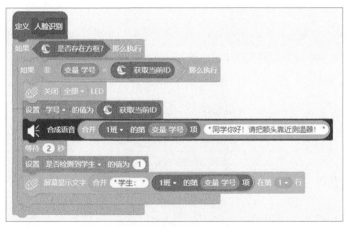

图 4-4-19　新建函数"人脸识别"

新建函数"测量体温"，编写测量学生体温的代码，并将体温数据上传到数据库，参考代码如图 4-4-20 所示。

图 4-4-20　新建函数"测量体温"

主程序的参考代码如图 4-4-21 所示。

图 4-4-21　主程序的参考代码

4. 测试

下面，我们进行实地测试，因为是第一次使用，学生对装置的功能还不太熟悉，所以测试的速度较慢，相信多次使用之后，大家会操作得更熟练。测量结束后，所有数据都将自动上传到数据库（见图 4-4-22）。

| 标签: | | 值: | | 查询 | （任意字符可以使用%） | 标签: | | 值: | | 添加/修改 |

id	标签	值（双击可以修改）	时间
25	庞远航	36.3100013733	2020-06-03 12:43:17
24	聂铭泽	36.2700004578	2020-06-03 12:42:54
23	李云志	36.2900009155	2020-06-03 12:42:37
22	梁永兴	36.3499984741	2020-06-03 12:42:08
21	王源	36.0499992371	2020-06-03 12:41:37
20	黄锦城	36.3699989319	2020-06-03 12:41:16
19	黎桦铭	36.5499992371	2020-06-03 12:40:58
1	张勇	36.3099983215	2020-06-03 12:40:37

图 4-4-22　存储学生体温的数据库

我们看到，数据库的信息还是比较完整的。大家快动手试试吧！

4.5 自助篮球管理器

每天，学校里都会有很多学生到体育办公室借篮球，常规的解决方案是将借还情况记录在登记本上，但在实际操作过程中，经常出现学生忘记登记或记录被涂改的情况，导致篮球借出去但没有还回来。因此，我们计划制作一个自助篮球管理器（见图 4-5-1）来解决这个问题，该篮球管理器可以通过人脸识别记录学生的信息，学生借出篮球后，该装置能够登记数据并将数据上传到网络数据库，还球的过程与之类似。这样，我们就可以清楚地掌握球的借还情况，大大减轻了老师的工作负担。

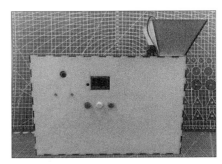

图 4-5-1 自助篮球管理器

和体育老师沟通后，我们确定了图 4-5-2 所示的自助篮球管理器的设计思路。

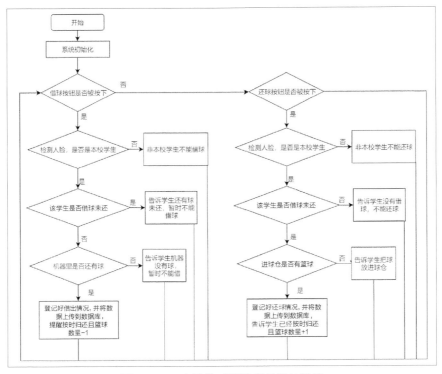

图 4-5-2 自助篮球管理器的设计思路

1. 连接硬件

根据设计思路，确定自助篮球管理器所需的硬件，如表 4-5-1 所示。

表 4-5-1 自助篮球管理器所需的硬件

序号	名称	数量
1	掌控板	1 个
2	百灵鸽扩展板	1 个
3	小方舟	1 个
4	180° 舵机	1 个
5	灰度传感器	1 个
6	椴木板	若干
7	杜邦线	若干

连接硬件，如图 4-5-3 所示。

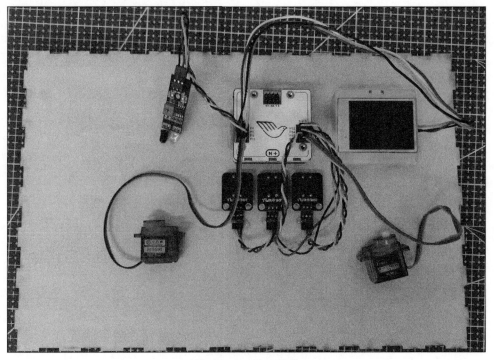

图 4-5-3　连接硬件

2. 设计外观

利用 Lasermaker 设计图纸，并用激光切割机切割椴木板，自助篮球管理器的激光切割图纸如图 4-5-4 所示。

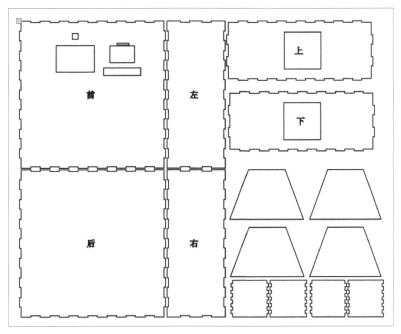

图 4-5-4　自助篮球管理器的激光切割图纸

3. 编写程序

在自助篮球管理器中，每名学生最初都处于"可借"状态，借球后就会变成"待还"状态，在"待还"状态下不可以借球。

利用小方舟的人脸识别功能学习每位学生的人脸信息。定义函数"信息"，根据 ID 建立学生的信息表，参考代码如图 4-5-5 所示。

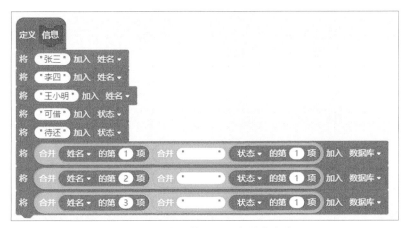

图 4-5-5　建立学生信息表的参考代码

需要连接 TinyWebDB 数据库，因此我们需要在"网络服务"选项卡中选择"Wi-Fi"和"TinyWebDB"两个模块（见图 4-5-6）。

图 4-5-6　选择"Wi-Fi"模块和"TinyWebDB"模块

对 Wi-Fi 网络和数据库进行初始化设置，初始化代码如图 4-5-7 所示。

图 4-5-7　初始化 Wi-Fi 网络和数据库的参考代码

自助篮球管理器识别学生人脸信息的参考代码如图 4-5-8 所示。

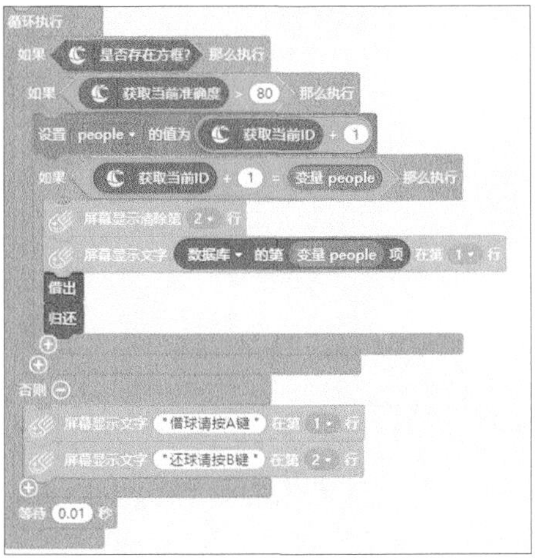

图 4-5-8 自助篮球管理器识别学生人脸信息的参考代码

定义函数"借出",并编写学生借球时执行的代码,使其能够确认该学生是否可以借球。如果可以借球,则将球借给该学生,且篮球总数减 1,并将该学生的状态设置为"待还",参考代码如图 4-5-9 所示。

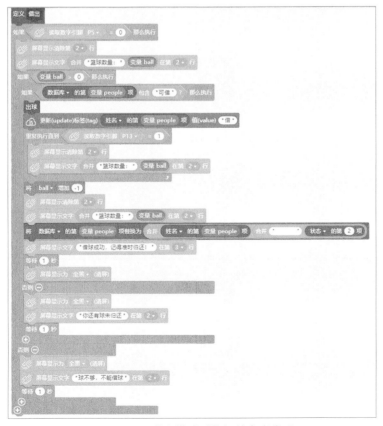

图 4-5-9 学生借球时执行的参考代码

定义函数"归还"，学生还球成功后，篮球总数加 1，并且告诉学生还球成功。学生还球时执行的参考代码如图 4-5-10 所示。

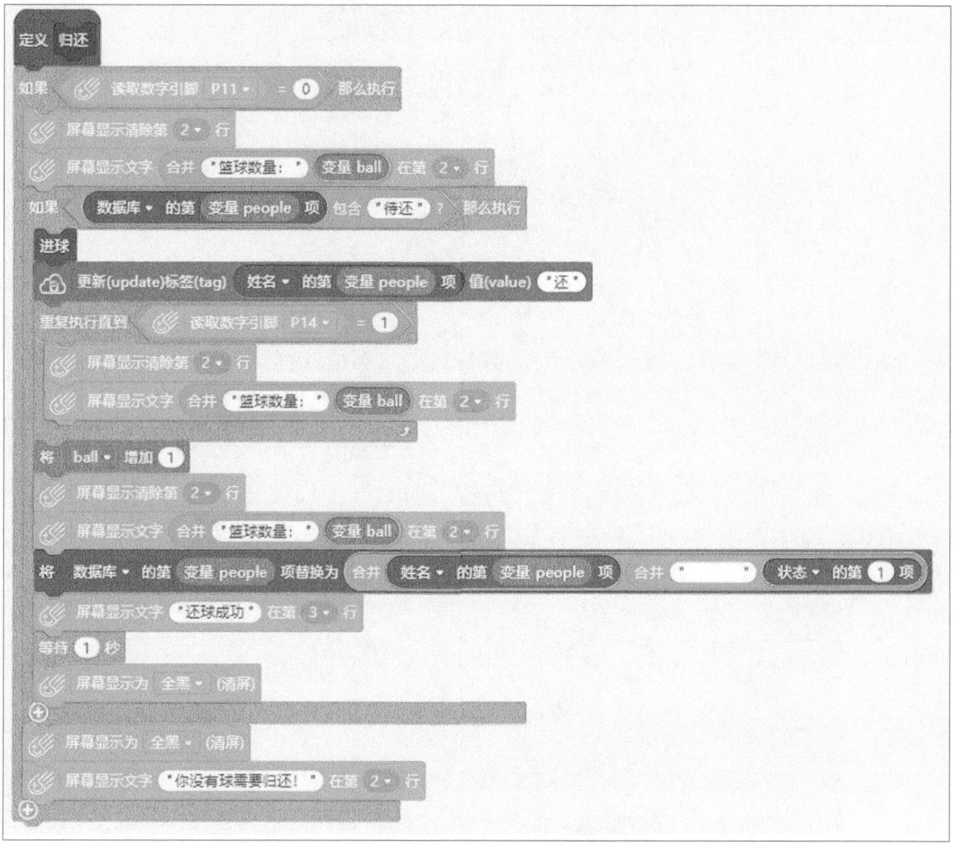

图 4-5-10　学生还球时执行的参考代码

定义函数"出球"和"进球"，用以控制舵机的转动，参考代码如图 4-5-11 所示。

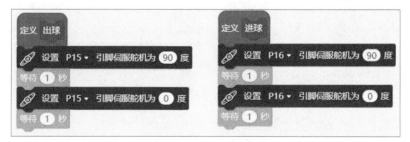

图 4-5-11　函数"出球"和"进球"的参考代码

最后，操作自助篮球管理器，试试效果。大家快动手试试吧！

结束语

　　机器视觉作为人工智能不可或缺的一个内容，值得我们认真学习。但是市面上以编程为主的图书居多，原理和算法对中小学生而言稍有难度。本书采用图形化编程，适合中小学生人工智能视觉识别的入门学习。

　　视觉传感器和 K210 主控板现有功能已经非常强大，而且还在不断开发新的功能，希望大家好好掌握这些基础知识，并把这些知识融会贯通，为今后学习更深入的人工智能知识奠定基础。

　　最后，希望大家都能掌握人工智能技术，为祖国人工智能技术的发展贡献自己的一份力量。

你收获了什么？

在这本书中，我们学习了关于人工智能机器视觉图像识别的相关内容，在学习的过程中，你学到了哪些知识呢？你对人工智能机器视觉图像识别又有了哪些认识？你还想继续学习哪些内容呢？请把学习后的感受写下来吧！

学到的知识

对机器视觉图像识别的认识

想继续学习的内容